딸은
엄마의 감정을
먹고 자란다

세상의 모든 딸, 엄마, 여자를 위한 자기 회복 심리학

딸은 엄마의 감정을 먹고 자란다

© 박우란 2020

1판 1쇄 2020년 7월 20일
1판 25쇄 2023년 10월 27일

지은이 박우란
펴낸이 유경민 노종한
책임편집 박지혜
기획편집 유노라이프 박지혜 구혜진 **유노북스** 이현정 함초원 조혜진 **유노책주** 김세민 이지윤
기획마케팅 1팀 우현권 이상운 **2팀** 정세림 유현재 정혜윤 김승혜
디자인 남다희 홍진기
기획관리 차은영
펴낸곳 유노콘텐츠그룹 주식회사
법인등록번호 110111-8138128
주소 서울시 마포구 월드컵로20길 5, 4층
전화 02-323-7763 **팩스** 02-323-7764 **이메일** info@uknowbooks.com

ISBN 979-11-969975-6-4 (13590)

세상의 모든 딸, 엄마, 여자를 위한 자기 회복 심리학

딸은 엄마의 감정을 먹고 자란다

박우란 지음

유노
라이프
LIFE

미안한 마음,
억울한 마음,
고마운 마음

여자의 마음에 대하여

"수녀원? 너는 왜 하고많은 것 중에 하필 수녀원에 가고 싶다는 거니?"

중학교 2학년 때 아주 친한 친구가 물어 온 적이 있습니다. 제 대답은 이랬습니다.

"응, 늘 기다릴 수 있잖아. 난 기다리는 삶이 참 좋거든. 나는 같은 자리에서 같은 모습으로 기도하고 사람들은 필요할 때 언제든 찾아왔다가 떠나고 싶을 때 떠날 수 있으니까."

지금은 수도원을 떠나 있지만, 저의 '기다리는 자'로서의 욕망은 상담실에서 충실히 실현하며 살고 있습니다. 그 길에서 만난 무수한 아픔과 고통을 이 글에 담았습니다. 이해받지 못해서 외롭고 억울했던 마음들, 사랑이라 생각하고 펼쳤지만 그것이 독인 줄을 나중에야 깨닫고 밀려든 미안함들, 그럼에도 불구하고 우리 곁을 지키는 소중한 사람에 대한 고마움들을, 여자로 태어나 살다보면 필연 만나는 이 모든 마음들을 비록 일부나마 더 많은 사람과 나누기를 바라는 마음으로 이 책을 썼습니다.

　원고를 끝내고 나서 이 글을 쓰는 동안 함께한 무수한 사연들과 저는 한 번 더 작별했습니다. 그들의 어머니들과 아버지들과도 한 번 더 작별했습니다. 슬픔이 쏟아져 내렸고, 눈물도 쏟아져 내렸습니다. 그녀들의 어머니를 대신해 미안해하고 그녀들과 함께 아파했던 시간들도 떠나보냈습니다. 나조차 몰랐던 나 자신에 대한 진실들을 찾아 회복하는 데 이 책이 조금이나마 보탬이 된다면 더할 나위 없이 기쁠 것입니다.

　제 삶의 시간은 대부분 상담실에서 사람을 만나는 일로 채워집니다. 매일 똑같은 생활이 반복되고, 지극히 단순한 동선을 따라 흐릅니다. 그런데도 삶이 지루하다고 느끼지 않는 것은 많은 사람의 이야기가 상담실을 가득 메우고 있기 때문입니다. 그 사연들과 매일 치고 박고 몰두하다 보면 다른 곳에 쓸 에너지 자체가 남아 있지 않은 날도 많습니다.

자신에 대한 이루 말할 수 없는 오해와 오인, 그리고 자신을 둘러싼 소중한 사람과의 관계에 얽힌 왜곡…. 상담실에서 하는 일은 그 오해와 오인, 왜곡이 빚어내는 아픔과 상처를 마주하며 애도하는 것입니다. 그 또한 한 사람의 딸이었을 어머니를, 그 어머니의 딸로 태어난 딸을, 그리고 그 딸의 딸로 태어난 아이를 애도하는 여정입니다.

"인간은 처음부터 근본적으로는 타인을 사랑할 수 없는 존재이다."

프로이트의 말입니다. 인간은 궁극적으로 자기 자신을 만족시키는 방향으로 삶을 운영한다는 것이지요. 인간 에너지가 궁극적으로 향하는 지점은 바로 자기 자신입니다. 그것은 가족관계라고 해서, 엄마와 딸 관계라고 해서 예외가 없습니다.

어떻게 하면 우리 안에서 살고 있는 어머니의 유령을, 아버지의 유령을, 세상의 무수한 목소리의 유령을 놓아버리고 죄책감 없이 온전한 우리 자신이 될 수 있을지 매일 고민합니다. 그 유령과 작별하고 우리 자신이 될 때까지 겪어야 하는 무수한 슬픔과 상실을, 조금은 떨어진 자리에서, 하지만 너무 멀지는 않은 자리에서 함께 끝까지 견디어 내는 과정 어디쯤에 제 삶이 놓여 있는 것 같습니다.

아이가 태어나서 자신의 쾌락을 만족시켜 줄 첫 대상을 만나는데, 바로 엄마입니다. 첫 관계 맺음의 출발이 바로 엄마이지요. 아이는 엄마를 욕망하고, 엄마의 시선을 따라 세상과 만납니다. 그리고 엄마가 아이의 원초적 욕구와 요구에 반응하는 상태와 방식에 따라 아이의 많은 것이 결정됩니다. 이렇듯 아이는 오직 엄마라는 대상을 통해서만 자신을 만족시킬 수 있다는 점에서, 엄마는 아이에게 절대적인 영향을 미치는 존재이지요.

모성은 이 지점에서 만들어진 사회적 신념입니다. 엄마가 아이를 위해 모든 것을 쏟아 부어야 한다는 이상적 소망과 환상은 여러 가지 증상과 갈등, 고통을 만들어 냅니다. 이상적인 엄마가 되지 못한다는 죄책감과 과도한 역할 부여로 엄마와 아이의 관계를 엉망으로 몰아가기도 하니까요.

가부장 사회에서 엄마와 딸은 좀 더 특별한 심리적 유대와 연대를 가지는 듯합니다. 엄마와 딸의 관계가, 세상의 상식이 부추기는 것처럼 혹은 늘 우리 딸들이 꿈꾸는 것처럼, 그렇게 무조건적인 사랑의 관계가 아니라는 사실을 냉정하게 인식하고 수용해야 합니다. 그래야 비로소 나는 나의 엄마와 다른 엄마의 길을 걸을 수 있습니다.

우리는 엄마라는 세상과 얼마나 사랑을 주고받았을까요? 내가 주고받았다고 믿는 그것이 진짜 사랑이기는 했을까요? 사랑에는 분명 독성도 함께 포함되어 있습니다. 이 책에는 이렇듯 세상 모든 엄마와 딸이 겪는 집요한 모녀 관계에 대한 이야기들을 집중적으로 다루고 있습니다. 아버지는 아무런 영향이 없다거나 책임이 없다는 것이 결코 아니며, 선택적으로 엄마와 딸의 관계에 집중했다는 것을 미리 알리고 이해를 구하고 싶습니다.

이 책을 쓰기로 했을 때 가장 먼저 올라온 감정과 생각은 두려움이었습니다. 내가 전문가로서 한 말들이 책으로 기록되어도 괜찮을까, 이것에 대한 책임을 나는 얼마나 질 수 있을까, 걱정이 앞섰습니다. 그런데도 용기를 낼 수 있었던 것은 "이제 엄마도 엄마의 시대를 살아"라는 딸아이의 격려 덕분이었습니다. 아직 어린 딸의 격려가 이루 말할 수 없는 먹먹함으로 다가왔고, 저 자신에게 다시 한 번 더 집중할 수 있는 기운을 주었습니다. 바쁜 엄마를 견뎌 주고 기다려 주는 딸아이에게 진한 사랑과 고마움을 전하고 싶습니다.

책 속 사연을 공유하도록 허용하고 고민을 나누어 준 모든 분들과, '늘보의 책장' 구성원으로 2년 가까운 시간 동안 꾸준하고 성실하게 정신 분석 책을 읽으며 스터디를 함께한 30대, 40대, 50대 엄마들에게도 깊은 감사를 보냅니다. 자신에 대해 알아가는 삶을 끝내 포기하지 않는 당신들을 진심으로 존경합니다.

무엇보다 이 책을 읽고 있는, 누군가의 딸이었고 누군가의 엄마인 당신에게, 버텨 나가기 쉽지 않은 시대를 살아가는 모든 여성에게 진한 동지애를 전합니다.

해뜨기 전, 심리 클리닉 '피안'에서
정신 분석 상담 전문가 박우란

• 차례 •

2장

내가 정말 내 아이의 엄마일까

엄마의 시선에 대하여

3장

나도 엄마의 사랑스러운 딸이고 싶었다

엄마의 결핍에 대하여

4장

엄마는 강하다는 환상을 버리면 얻는 것들

엄마의 모성에 대하여

5장

엄마는 엄마면 되고, 아빠는 아빠면 된다

엄마의 남편에 대하여

6장

엄마를 넘어 한 인간으로 사는 법

엄마의 회복에 대하여

1장

딸은
엄마의 감정을
먹고 자란다

엄마의 감정에 대하여

사랑은 아들에게,
요구는 딸에게?

"여자아이에게 젖을 물리는 시간은
남자아이에게 젖을 물리는 시간보다
30%가량 부족하다."

구조적 관점 혹은 가부장적 구조에서 보면, 가정에서 여성은 남성에 비해 타인을 만족시키는 방식으로 자신을 실현하는 경우가 많습니다. 여성은 남성(남편, 아이)을 메워 넣는 방식, 보살피고 결핍을 메꾸는 방식으로 자신을 증명하기도 하는데, 그 보살핌이 온전히 그들을 위한 것만은 아니지요. 여성의 헌신을 그저 희생으로만 볼 수 없는 분명한 이유가 있는 것입니다.

여성이 타인의 만족을 채우는 식으로 자신의 결핍을 메우고 자신의 존재 방식을 취하는 경우가 많다고 했지만, 이러한 방식은 특히 아들에게 그대로 적용되지요. 그런데 딸아이에게는 이 방식이 똑같이 적용되지 않는다는 것은 매우 아이러니한 일입니다.

딸아이 친구 엄마들과 몇 차례 아이들을 데리고 만나는 과정에서 재미난 현상을 하나 목격했지요. 간식을 푸짐하게 주문해서 식탁에 차려 놓자, 딸아이들은 자연스레 자기들이 하던 것을 멈추고 식탁 주변으로 모여들어 엄마들 곁에서 간식을 먹었고, 시선은 엄마들을 향했지요. 그런데 남자아이들은 자기들이 하던 게임이며 놀이를 중단할 생각이 전혀 없어 보였어요. 더욱 놀라운 일은 엄마들이 자연스럽게 간식거리를 집어다가 아들들 입에 가져다 넣어 준 것입니다.

이러한 일이 유난한 몇 사람이 아닌, 우리 주위에서 꽤 흔히 벌어지는 광경이라는 것을 감안하면 엄마가 딸과 아들을 대하는 방식의 차이는 분명해 보입니다. 함께 모인 자리에서 여자아이들은 엄마를 중심으로 관계를 형성했다면 남자아이들은 놀이, 즉 자기 자신에게 더 몰입하는 경향을 보였습니다.

조금 다르게 이야기해 볼까요? 여성이 자신의 만족을 직접 채우기보다 남편이나 아들, 즉 남성의 빈 곳을 메우는 방식으로 채우려 한다면, 왜 딸아이의 결핍은 같은 방식으로 채우려 하지 않을까요? 그 이유는 엄마가 딸을 자신의 연장선상에서 보고 있기 때문입니다. 아들이나 남편은 그나마 타자, 어떤 대상으로서 존재한다면 딸은 엄마에게 어떤 대상이기보다 마치 자신과 같은 존재들이지요. 물론 이를 모두 일반화해서 이야기할 수는 없지만, 매우 유의미한 현상인 것은 분명합니다. 이러한 관계 방식은 미래에 남자아이와 여자아이의 심리적 구조를 결정하는 데 주요한 한 부분이 되기도 하지요.

태어나면서부터 시작되는 딸의 결핍

지그문트 프로이트를 비롯한 정신 분석학자들의 연구를 보면, 여자아이에게 젖을 물리는 시간이 남자아이에게 젖을 물리는 시간보다 30%가량 부족하다는 연구 결과가 있습니다. 이는 딸들의 출발부터가 결핍으로 시작한다고 해도 과언이 아님을 보여 주지요. 여자아이는 엄마가 울면 엄마의 감정이 곧 자신의 감정이라고 느끼는 경우가 종종 있습니다. 엄마는 딸아이가 엄마의 상태에 공감해서 그런 것이라 감동을 받기도 하지만, 꼭 그렇지만은 않습니다.

여자아이는 자신의 감정을 인식하거나 지각하기 이전에 엄마라는 대상, 타인의 감정에 자기를 동일시하고 그것을 자기라고 느낍니다. 즉, 엄마의 상태에 자신을 포함시키는 것이지요. 남자아이처럼 좀 더 충족된 내 상태에 엄마를 포함시키는 것이 아니라, 여자아이는 내가 없이 타인인 엄마의 상태에 나를 포함시킵니다. 이처럼 많은 여성들은 타인의 감정을 자기 것으로 여기기에 타인을 충족시키거나 타인의 만족을 구하는 방식으로 자신을 만족시키거나 충족하는 경우가 많습니다. 타인의 감정이나 상태에는 매우 민감하지만, 정작 자신의 상태나 감정에는 무딘 여성이 많은 것도 이런 이유이지요.

남자아이는 엄마를 자신의 일부로 인식하므로 성인이 된 후에도 아내나 연인을 자신의 일부, 혹은 부분으로 여기면서 그녀의 희생이나 헌신이 마치 당연한 것처럼 행동하는 경우가 많습니다. 이렇다보니 딸과 아들을 모두 키우는 경우, 엄마의 요구를 딸아이가 재빨리 먼저 알아차리고 맞히는 경우가 많지요. 엄마 또한 그것을 매우 자연스러운 현상처럼 여기고, 아들보다 딸에게 더 많은 요구와 포기, 양보를 은근히 강요하기도 하지요.

딸을 보는 엄마의 감정은 매우 복잡합니다. 엄마가 어린 시절에 홀대받으면서 자랐다면, 자신의 어린 시절의 모습을 딸에게 투영시켜 자신의 부모와 같은 방식으로 딸을 홀대하기도 하고 소외시키기도 합니다. 그리고 자신의 부족한 부분을 딸아이에게서 발견할 때는 불안해하고 불편해하면서 어떻게든 그 부분을 없애려 하지요. 또한 엄마가 결핍이 많으면, 지나치게 퍼붓는 방식으로 자신을 보상하기도 합니다. 엄마가 딸아이를 타인으로 대하지 않고, 어린 자신으로 대하고 있기 때문이지요.

이렇게 아이를 자기 대상으로 삼을 때, 딸아이는 고유한 자기를 경험할 순간을 놓치기 쉽습니다. 자신의 감정을 스스로 알아차릴 수 없게 되어 타인의 감정과 상태를 살피기에 급급하며 살아가지요. 그래서 엄마인 내가 먼저 내 상태와 감정, 욕구와 요구, 욕망이 무엇인지를 알아차리려는 노력을 해야 합니다. 그래야 내 감정과 아이의 감정을 분리해서 이야기해 줄 수 있고, 나 자신에게도 아이에게도 불필요한 죄책감이나 책임감을 지우지 않을 수 있습니다.

자신을 양보하며 살아가는 삶

내담자였던 영지 씨가 떠올린 어린 시절 첫 장면의 기억은 이렇습니다.

아기였던 남동생이 엄마 품속에서 자고 있고, 동생보다 겨우 한 살 많았던 영지 씨도 어린아이였지만 엄마는 딸인 자신은 동생 옆에서 동생 귓불을 만지며 잠들게 했다고 합니다. 그 장면을 떠올려 보면, 어린 여자아이가 한없이 외롭고 애처로워 보이지요. 아침에 일어나니 동생 귀가 퉁퉁 부어 있었다고 합니다.

더 손이 많이 가는 오빠, 남동생이라는 존재 곁에서 소외된 어린 딸의 외로움은 그저 소외와 외로움으로만 끝나지 않습니다. 엄마의 감정 찌꺼기들까지 그녀(딸)의 몫이 되기 때문에, 그 이상의 무언가가 남게 되지요. 많은 여성이 어린 시절에는 부모에게 맞추며 살다가 결혼해서는 남편, 아들에게 같은 방식으로 자신을 양보하며 살아갑니다. 하지만 정작 딸에게는 감정적인 배출을 서슴지 않습니다. 딸아이가 엄마라는 대상을 바라보며 마음을 읽어 준다는 것을 이용하여 감정적인 배출을 서슴지 않는 것이지요.

요즈음은 예전처럼 딸에게 물리적인 희생과 양보를 강요하며 아들을 뒷바라지하게 하는 일은 보기가 드물지만, 엄마의 감정 창구가 되는 딸은 여전히 많습니다. 커 가는 딸에게 엄마들이 하는 단골 멘트가 있지요.

"내게 너 말고 누가 있니?"
"그래도 네가 있어서 내가 이렇게 산다."
"나한테는 너밖에 없다."

이렇게 엄마는 또 딸을 옭아맵니다. '그래도 내가 엄마에게 중요한 존재구나, 필요한 사람이구나…'라고 느끼게 하지요. 그것은 여전히 엄마에게 가장 중요한 한 사람으로 소속되고 싶은, 수많은 딸들의 이루지 못한 소망이기도 합니다. 그렇기에 딸은 그런 엄마를 거절하지 못하지요. 엄마는 그런 딸의 감정과 채우지 못한 결핍을 붙들고, 엄마의 온갖 푸념과 감정 해소의 분출구를 놓지 않으려 합니다.

결혼한 딸이 매일 엄마와 통화한다는 이야기를 종종 듣습니다. 우리는 어린아이일 때나 성인이 된 이후에나 누구에게든, 특히 부모에게 가장 중요하고 필요한 사람이고 싶지요. 딸의 이루지 못한 소망은 부모에게 오직 우선순위에 있는, 절대적인 존재이고 싶었던 마음이었겠지요.

애도되지 않은 감정은
반드시 돌아온다

"딸은 엄마 자신보다도
엄마의 감정과 욕구, 욕망을
먼저 알차리곤 한다."

분석 상담을 받는 여러 달 동안 끝없이 눈물이 쏟아졌습니다. 저는 억울하다는 말만 되풀이했지요. 그렇게 반복해서 억울하다는 감정을 말하면서도, 내 말이 스스로 납득되지 않았지요. 억울할 만한 커다란 사건이나 떠오르는 기억이 없었기 때문입니다. 분석을 진행하신 선생님은 그것에 대해 어떠한 해석도 해 주지 않으셨습니다. 그 억울함이 무엇이었는지는 분석이 끝나고 한참 지나서야 스스로 알아차렸지요.

저의 억울함은 '외로움'의 다른 표현이었습니다. 아주 어린 소녀가 혼자 외진 시골의 사택 마당에 쭈그리고 앉아서 놀던 모습이 떠올랐습니다. 할머니 집에 한동안 보내졌던 어린 여자아이는 산 너머로 저녁노을이 질 즈음, 신작로에 흙바람을 일으키며 달리던 버스를 따라갔지요. 그리고 엄마가 보고 싶다며 울던 장면이 떠올랐습니다. 여자아이의 시간은 하루가 천년처럼 길었습니다. 외롭고 싶지 않은데, 엄마가 보고 싶고 엄마 곁에 있을 수 있는 마땅히 누려야 할 권리인데, 그럴 수 없었으니 여자아이가 느꼈던 외로움은 그저 외로운 것이 아니라 억울하도록 외로운 것이었지요.

삶이 팍팍했던 외할머니는 떼를 쓰며 우는 손녀의 손을 질질 끌며 가 버리라 했습니다. 그렇게 울 것이면 가라고 소리 지르며 버스를 향해 손을 잡아끌었지요. 손녀딸을 잡아끌던 손목에, 그 목소리에 그날의 고통도 생생히 떠올랐습니다. 그저 엄마가 보고 싶은 여자아이의 울음이 다그침으로, 나무람으로 되돌아와야 했던 억울함, 버스를 타면 엄마한테 데려다줄 것 같은데 그 버스를 탈 수 없는 무력감, 아무리 엄마를 그리워하고 울어도 아무도 돌아봐 주지 않던 고립감, 아무도 알아주지 않는 소외감…. 그 모든 기억들은 흑흑거림으로 쏟아져 나왔습니다.

"억울해!"

이 말은 과거의 모든 아픔을 기억하는 암호였습니다. 이렇듯 충분히 풀어지지 않은 감정의 덩어리들은 내 안의 곳곳을 떠다니다, 어느 때든 적절한 환경과 때를 만나면 회귀합니다.

수도원 공동체 생활을 할 때(과거에 저는 수녀였습니다) 종종 저는 스스로 고립으로 들어가곤 했습니다. 그 고립은 애도였지요. 무의식적인, 기억나지 않는 시절의 경험과 감정을 비슷하고 적절한 환경과 사건을 찾아 반복하며 애도하는 것입니다. 그런 식으로 충분히 애도되지 않은 감정들은 그 모양을 달리하며 끝없이 저에게 돌아왔지요.

과거에 갇힌 나

두 딸을 둔 지윤 씨는 더없이 열심히 사는 평범한 엄마이고, 대기업에서 근무하는 성실한 직장인이기도 합니다. 아이들의 아빠도 남편으로서나 아빠로서도 협조적이지요. 부부는 젊은 시절부터 자신들의 시간과 수입을 쪼개서 어려운 아이들에게 베풀면서 꾸준히 사회봉사를 해 왔지요. 지윤 씨가 처음 상담실을 찾았을 때, 그녀는 말할 수 없이 불안정한 모습을 하고 있었습니다. 그냥 언제, 어디서부터 잘못된 것인지는 모르겠지만 몹시 불안하고 힘들다고 말했지요. 지윤 씨와는 꽤 오랜 시간 세심하게 작업을 해 나갔습니다.

두 딸아이가 차례로 크게 아파서 수술을 받았는데, 부부가 모두 큰 아이가 그만큼 아플 때까지 눈치를 채지 못했다고 합니다. 좀 더 정확하게는 아이에게 집중하지 못했다고 하는 편이 맞겠지요. 그리고 몇 년이 지나고 둘째 딸도 입원 치료를 해야 하는 일이 있었습니다. 특히 둘째 딸아이는 난청이 와서 원래의 청력을 회복하는 것은 거의 불가능하게 되었지요. 병의 원인을 찾기 위해 큰 병원에서도 노력했지만 명확한 원인은 밝혀지지 않았습니다. 그저 시간을 두고 자연적으로 회복되기를 바라는 수밖에는 없다는 결론이 나왔지요.

지윤 씨는 부모로서 자신들이 혹여 잘못된 부분이 있었나 덜컥 걱정했지만, 그 걱정 안으로 들어가 보면 아이가 아파서 완전히 회복되지 않으면 어쩌나 하는 불안보다 내 탓이면 어쩌나 하는 마음이 더 앞섰다고 합니다.

많은 여성들, 특히 엄마들은 아이가 아프거나 문제가 생겼을 때 아이에게 집중하기보다 내 탓이면 어쩌나 하는 죄책감을 먼저 갖게 되고, 이 죄책감은 또 다른 악순환을 불러옵니다. 죄책감은 내가 잘못한 것에 대한 자책처럼 보일 수 있지만, 좀 더 엄밀하게 말하면 나 자신을 보호하기 위한 것일 수 있습니다. 아이 자체보다도 나를 먼저 걱정한다는 말이지요. '내 탓일까 봐'의 불안, '나쁜 엄마일까 봐'의 불안 때문에 다시 한 번 중요한 것을 놓치게 되지요. 이것은 중요한 순간에 사태와 상황을 집중해서 들여다보기보다 나 자신 안으로 철수

하는 모습입니다. 엄마가 아픈 아이보다 엄마 자신의 역할과 이미지를 더 생각하는 것이지요.

누가 봐도 좋은 엄마였고, 누가 봐도 밝은 아이들이었지요. 부모의 유전 소인(素因)이 없는 상태에서 딸의 발병은 의외였는데, 지윤 씨는 꾸준히 상담을 받으면서 그 원인이 엄마인 자신의 결핍과 욕망에 있을 수도 있다는 사실을 알아차리고 큰 충격을 받았습니다. 단순히 아이와 나의 관계만을 탐색하는 것이 아니라, 지윤 씨의 가족을 둘러싼 환경과 맥락, 그리고 지윤 씨가 가진 어린 시절의 상처와 결핍들이 드러나면서부터였지요.

"과거의 손아귀에 완전히 사로잡힌 삶은 견딜 수 없다. 때문에 애도 작업이 발생해야 한다."

-대리언 리더

관심 밖의 사람이었던 나

지윤 씨는 늘 오빠의 그늘에 가려 소외되고 방치되었지만 엄마, 아빠 손 가지 않게 하는 착한 딸로 자랐습니다. 다니는 직장에서도 신임을 크게 얻는 직원이었고, 대학생 때부터 빈곤 아이들을 위한 공동

체에 몸담기 시작해 지금까지 멈춘 적이 없습니다.

어릴 때는 공부를 열심히 하면 부모님께 더 관심받고 예쁨받을 줄 알고 노력해서 좋은 성적을 받아 가도, 오빠에겐 턱없이 모자랐지요. 오히려 둘째이고 딸인 자신에게는 기대조차 하지 않는 부모님의 태도 속에서 소외감을 뼛속까지 품고 자랐습니다. 공부 잘하고 늘 골골하던 오빠는 부모님의 사랑을 독차지했지만, 지윤 씨는 아무리 열심히 해도 부모님 관심 밖이고 심지어 '나는 잘 아프지도 않는구나…'라는 생각을 자주 했다고 합니다.

아이들은 흔히 몸의 아픔으로 부모의 관심을 집중시키기도 하는데, 지윤 씨는 왜 잘 아프지도 않았을까요? 그나마 손이 안 가는 딸인 것이 부모에게 도움이 되고, 도움이 되는 딸이어야 부모에게 수용될 거라는 불안 때문이었을 거예요. 마음껏 아플 수도 없을 만큼 어린 지윤이의 마음은 안전하지 않았던 것이지요.

그러한 환경 속에서 어린 여자아이가 원하는 관심과 사랑에 대한 욕구가 얼마나 마음속 깊숙이 사무쳤는지는, 본인도 알아차리기 어려운 일이었을 거예요. 반듯하고 성실한 사람으로 주변 사람들에게 신임은 받지만, 늘 존재감 없이 조용히, 눈에 띄지 않는 사람으로 자리매김하는 것이 익숙한 지윤 씨의 삶이었지요.

그렇게 지윤 씨는 한 번 아프지도 않고 관심 밖의 사람인 채 있었습니다. 그런데 아이를 출산했을 때, 아이들이 큰 병을 치를 때, 아이들은 공동체의 모든 사람들의 관심과 걱정을 독차지하며 돌봄을 받았지요. 그것은 지윤 씨가 그동안 가장 받고 싶었던 독점의 경험이었고, 경험해 보지 못한 묘한 만족감을 선사하기도 했지요. 직접적으로 누군가의 사랑과 관심을 요구하는 것이 부적절하다고 여겼던 지윤 씨는 스스로 관심을 받기보다 아이들을 통해 주변의 관심과 사랑을 독점하고 싶다는 소망과 욕구가 있음을 알아차렸습니다. 아이들이 독점적으로 주변의 관심과 사랑을 받고 있는 모습을 통해 은밀한 쾌감을 느꼈지요. 다른 동료의 아이들에게 주변 동료들이나 공동체의 어른들이 사랑을 주는 모습에는 걷잡을 수 없는 질투가 일어나기도 했어요.

지윤 씨는 자신이 나쁜 엄마일까 봐 가장 두려워했습니다. 진짜 나쁜 엄마가 될까 봐 두려워하는 것이 아니라, 나쁜 엄마로 비춰질까봐에 대한 두려움이었지요. 이미지에 묶여 있는 것이지요.

지윤 씨의 진정한 죄책감은 아이들을 아프도록 방치한 것에 대한 것이 아니라, 자신의 내면적 요구를 끊임없이 소외시킨 것에 대한 것일 수 있습니다. 왜냐하면 그녀는 실제로 나쁜 엄마가 아니었기 때문입니다. 그녀는 그것을 믿지 않았을 뿐이고, 자신을 믿지 못했을 뿐입니다. 심지어 상담실에서 오랫동안 마주한 그녀는 사랑스럽고 귀여운 사람이었지요. 자신만 그것을 모르고 있다는 것이 안타까웠지만, 저는 그 이야기를 결코 하지 않았습니다. 스스로 자신의 사랑스러움을 경험하고 믿지 않는다면, 타인의 말은 그저 위로로 끝나고 연기처럼 사라질 것이기 때문이지요.

아이로 엄마의 결핍을 채우지 않으려면

이 모든 무의식적 왜곡과 상처, 아이들에게 보내고 있는 은밀한 보상 행동에도 지윤 씨는 자신이 의식하지 못하는 무언가를 해결하고 싶다는 마음 깊은 곳의 울림을 따라 스스로 상담실을 찾아왔습니다. 자신을 그토록 옭아맸던 '좋은 엄마'라는 이미지로부터 용기를 내 걸어 나오길 시도했지요.

지윤 씨가 너무도 두려워하면서도 꿋꿋하게 자신을 마주하는 모습을 지켜보면서 아슬아슬했습니다. 부디 도망가지 않고, 우리가 함께 견디어 내기를 마음 깊이 소망하고 염원했지요. 그리고 저는 상담자로서가 아니라 인간적으로도 지윤 씨가 사랑스러웠어요. 무엇보다 도망가지 않고 끝까지 버티어 준 지윤 씨가 고맙고 또 고마웠지요.

지윤 씨를 지켜보면서, 이렇게 우리 안에는 우리가 가진 독성으로 아이를 삼키고자 하는 어두움과 그것에서 아이를 지켜 내려는 모성이 함께 존재한다는 것을 알게 되었습니다.

"부모와 어린 자녀들의 무의식적 공명."

-카트린 마틀랭

딸은 엄마 자신보다도 엄마의 감정과 욕구, 욕망을 먼저 알아차리곤 합니다. 큰아이와 둘째아이가 바통을 이어 가며 큰 병을 치러 내는 과정에서 얻은 상처는, 우리가 말로 표현하거나 물리적으로는 증명해 내기 어려운 엄마와 딸 사이에 연결된 강력하고 깊은 심리적 고리에서 해결할 수 있습니다.

프랑스의 정신 분석학자인 프랑수아즈 돌토는 "아동의 심리적, 신체적 증상은 말로 표현되지 않은 엄마의 거짓말"이라고 했고, "아이는 말해지지 않은 채 남겨진 모든 것을 이해한다"라고도 했습니다. 이처럼 엄마에게 아이는 때때로 엄마 자신의 무언가를 채우거나 보상하기 위한 대상으로 자리하기도 합니다.

우리는 우리가 가진 무의식을 스스로 알아차리고 통제하기 어렵습니다. 외부 요인에서 문제의 해결책을 찾기보다는 나 자신의 욕망을 좀 더 이해하기 위해 부단히 노력해야 하는 이유이지요. 우리의 마음 안에는 은밀하고 사악한 욕구와 욕망도 있지만, 그것들을 분절시키고 그것에서 자유로워지고 싶은 욕구와 의지도 함께 있습니다.

무언가 누르고 회피할수록 그 덩어리는 더 짙어지고, 그 알 수 없는 덩어리들의 책임과 탓은 주변 가족에게 돌아가기 쉽습니다. 스스로의 무의식적 욕망을 대면하고 인정하고 받아들이면 오히려 그것에서 자유로워지는 것을 경험할 수 있지만, 그 길이 녹록하지만은 않지요. 우리의 무의식적 결핍감과 욕구들은 오래전 그 순간의 나에게서 조금도 걸어 나오지 못하게 합니다. 그것은 집착의 다른 이름이기도 하지요.

사랑은
이기심이다

"차라리 엄마가 그때 아버지를 놓아 버리고
우리끼리 의지하며 노력했다면
이렇게까지 원망스럽진 않았을 것 같다."

한 심리학자는 "모성애가 부족한 어머니는 아이를 잘 돌보지 못하면서도 아이가 자신을 사랑해 주길 바란다"라고 말한 바 있습니다. 저의 임상 경험으로는 모성애가 부족하다기보다는, 엄마 자신의 결핍과 결핍감이 심할수록 아이를 통해 그 결핍을 해소하고자 하는 경향이 짙은 것으로 보입니다. 엄마 자신의 결핍감 안에 휩싸여 있을 때에는 아이가 바라는 엄마로서 충분한 양분을 제공하지 못합니다. 이때 아이의 결핍감은 실제 결핍을 겪은 것 때문일 수도 있고, 실제와 무관하게 아이 쪽에서 결핍이라고 주관적으로 느낀 것을 키워 온 것일 수도 있지요.

남성이든, 여성이든, 그리고 어린 사람이든, 나이가 있는 사람이든 우리 안에는 모두 안기고 싶은 의존의 욕구들이 있습니다. 부부 관계가 나름 원만하고 서로 친밀한 경우는 아이를 통한 그리고 아이를 향한 의존의 욕구가 꽤 감소하기도 하지만, 가까운 배우자를 통한 친밀감과 의존의 욕구가 좌절될 때 여성들의 경우 가장 밀착이 쉬운 아이를 통해 그것을 해소하고자 하는 경향을 더 많이 보입니다.

종종 아빠들도 딸아이를 통해 아내나 본인의 어머니에게 충족되지 않은 의존 욕구를 채우려고 하는 경우도 있으나, 남성들은 비교적 외부에서 해결하거나 혼자 놀기에 몰입하는 경우가 더 많지요. 요즈음은 아이들이나 어른들이 의존 욕구를 가장 손쉽게 발산하는 것이 스마트폰입니다. 스마트폰과 24시간 밀착되어 있으면서 심리적 의존과 밀착을 유지하기도 하지요.

무능한 남편을 버리지 못하는 이유

유아가 자신의 육체적 나약함과 취약함을 엄마라는 첫 대상에게 절대적으로 의존해서 성장하는 시기가 있습니다. 아동기까지 아이는 엄마에 대한 의존, 돌봄과 보호에 대한 욕구가 많은데, 이때 돌봄이 충분하지 않거나 실제 돌봄이 이뤄졌더라도 결핍감을 많이 느끼는 아동의 경우, 만족되지 않은 의존 욕구가 성인에 이르기까지 다양한 방식으로 유지되지요. 아이들이 자신을 돌봐 줄, 보호해 줄 대상을 위해 자신을 포기하고 순응할 수 있는 것처럼, 여성들은 자신의 헌신과 희생을 감수해서라도 보호해 줄 누군가를 찾습니다. 아이들은 보호를 받는 것을 곧 사랑을 받는 것으로 인식하고, 여성들은 보호해 주는 것을 사랑을 주는 것으로 인식하지요.

사실, 우리의 어머니들 중에는 무능한 아버지와 일생을 함께 살면서(실제로는 생활력도 충분하고 자신을 지킬 수 있는 물리적 역량은 충분하지만) 이 심리적 의존과 돌봄, 보호에 대한 욕구와 기대, 두려움으로 큰 희생을 감수하는 어머니들이 많았습니다. 어떤 대가를 치르더라도 오직 버려지지 않기 위해 엄마인 자신의 삶을 소진하지요.

그런데 실제로 그녀는 그 대가를 감수하면서 유지해 온 가정 안에서 정말 버려지지 않았을까요? 외적인 울타리나 이미지를 붙들고 있으면 버려진 것이 아니라고 자신을 설득할 수 있을까요? 이미 서로가 서로를 버리고 살지만 가정이라는 상징적인 울타리를 포기하지 못해 아이들을 위한다는 명분으로 서로의 실체를 회피하고 사는 부부가 얼마나 많을까요? 무엇보다 절망스러운 것은 그 희생이 아이들을 위한 것으로 돌변하여 그 책임과 대가가 아이들에게 돌아간다는 점이지요.

아버지 때문에 일생을 고통받으며 살아온 엄마를 지켜본 많은 딸들은 상담실에서 이렇게 이야기하곤 합니다.

"차라리 엄마가 그때 아버지를 놓아 버리고 우리를 선택해서 우리끼리 서로 의지하고 노력했다면 이렇게까지 원망스럽진 않았을 것 같아요."

하지만 여성으로서 엄마의 입장에서 보면 꽤 가혹한 말이기는 합니다. 오직 자식을 위하는 엄마로서만 살아 달라는 말과 다름없기 때문이지요. 자신들을 위해서 엄마 자신은 온전히 포기해 달라는 말이지요. 하지만 여성이 가정이라는 울타리를 지킨 것으로 부모의 책임을 다했다고 자위하기에는 무리가 있습니다. 그 울타리 안에 있는 자녀들이 어떠한 심리적, 존재적 소외를 겪고 있는지 놓치기가 쉽기 때문이지요.

사실 엄마, 아빠와 일대일 관계를 안전하게 맺고 있다면, 우리가 그랬듯, 아이들은 어떤 파괴적인 상황에서도 적응해 나갈 수 있는 존재들입니다. 의학자이자 아동, 청소년 정신 분석의 거장이라 불리는 도널드 위니캇은 이렇게 말했지요.

"결혼 생활에서 어려움이 생길 때 아이들은 가정의 붕괴에 적응할 수밖에 없다. 부모들이 이혼을 하고 재혼을 하지 않으면 안 되는 경우

에도 자녀들은 때때로 만족스러운 성인의 독립을 성취한다는 사실을
알 수 있다."

-도널드 위니캇

엄마가 자신이 두려워하고 회피하고 싶은 현실을 아이들을 위한
다는 이유로 회피하지 말아야 하는 이유입니다.

헌신적인 엄마의 배신

의존 욕구는 쾌락을 유지하고자 하는 충동만큼이나 집요합니다.
의존성이 강한 엄마들은 대부분 피해자와 약자 위치에 자신을 놓습
니다. 그러나 흥미롭게도 의존 욕구 이면엔 지배 욕구가 있습니다.
내 욕구를 타인이 채워 주어야 하는 것이고, 그로 인해 나를 불행하
게 만드는 것도 타인이기에 늘 피해자일 수밖에 없지요.

배우자에게 지나치게 의존하며, 배우자가 내가 원하는 것을 들어
주지 않고 만족시켜 주지 않으면 스스로 만족감을 느끼지 못하고, 그
러면 그 기대나 요구는 아이에게로 이어집니다. 또한 스스로 책임지
려고 노력하기보다는 책임질 수 있는 역량과 자원이 없다고 생각하
고, 어떤 결정과 선택을 하기를 두려워하지요. 이는 단순히 자신을

이해시킨 것처럼, 자신이 나약하고 미약하기 때문만은 아닙니다. 자신의 문제에 집중하고 사색하며 어떤 선택과 결정을 하고 책임을 지는 과정은 매우 고단하고 외롭기 때문이지요. 그것은 누군가와 함께할 수 있는 일이 아니지요.

의존성이 강한 사람이라고 해서 결코 게으르지는 않습니다. 누구보다 열심히 살지만, 모든 에너지와 시선은 외부를 향해 있습니다. 오직 외부에서 원인을 찾고, 그것을 해결하기 위한 고단한 노력을 멈추지 않지요. 배우자나 가까운 가족, 외부 자원에 위임하는 것이 훨씬 안전하고 편의적인 방법 중 하나이지요. 삶의 모든 것을 배우자나 권위 있는 대상에게 의존하면서 그들이 해결하도록 주도권을 내주는 듯하지만, 사실 이것은 간접적인 지배와 통제입니다. 물론 의존성을 선택하여 편의성을 얻는 대신, 육체적 희생과 헌신이라는 대가가 따라붙습니다. 이 희생과 헌신으로 결코 없어서는 안 될 대상으로 자신을 위치시키고, 강한 존재가 자신을 지키도록 만들 수 있지요.

이렇게 희생하고 참고 헌신하지만 돌아오는 것은 결핍과 좌절인 경우, 원망과 원한이 차곡차곡 쌓입니다. 간혹, 통제적인 남편과 함께 살면서 지긋지긋해하고 늘 피해자로서 고통을 호소하지만 은근히 그 통제를 유지하려고 하고, 심지어 즐기는 사람도 있습니다. 이렇게 말하는 분을 보고 깜짝 놀란 적이 있습니다.

"남편이 정말 제멋대로이고 통제가 너무 심해서 지긋지긋한데, 한편으로는 그런 강력한 대상이 필요한 것도 같아요."

의존이 만들어 내는 헌신과 희생의 목표 지점은 내가 원하는 보호와 울타리입니다. 실제 우리는 기본적인 울타리와 보호가 필요하기도 하지만, 상상하는 것처럼 누군가에게 보호받지 못하거나 누군가에게 기댈 수 없다고 하여 결코 쉽게 무너지지도 않습니다. 때로는 의존성을 유지하기 위해 비현실적인 불안을 불러오기도 하지요.

상담실에서도 의존성이 유난히 강한 내담자들은 모든 것을 묻고 순응하는 듯하지만, 결코 자신의 삶의 과제들을 스스로 해결하고 싶어 하지 않습니다. 그리고 그 속에 뿌리 깊은 편의성이 숨어 있다는 것을 드러내고 싶어 하지도 않지요. 하지만 육체적으로 헌신적이고 희생적이라고 해서 그것만으로 우리 삶의 과제들이 해결되지는 않지요. 예전에 이런 말을 들은 적이 있습니다.

"아이와 1시간을 집중해서 눈을 맞추고 놀아 주는 것보다 밭일을 10시간 하는 것이 훨씬 수월하다."

육체적으로 혼신을 다하고 정신적으로도 늘 참고 견디며 살아온 어머니들이 때로 성장한 딸에게 자신과 유사한 희생을 요구하거나 과도한 기대로 자식들을 숨 막히게 하기도 합니다. 이와 반대로 엄마가 아이에게 집중하지 않고 지나치게 자신의 삶에만 몰두한 경우에는 딸이 끝까지 엄마에게서 채우지 못한 의존 욕구를 포기하지 않고 나이가 들어서도 부모 주변을 맴돌기도 하지요.

아이에 대한 사랑은 엄마의 이기심이다

아이가 주는 위로는 그 누가 주는 위로에 비할 수가 없습니다. 밤 늦게까지 일을 마치고 들어갔을 때 아무리 남편이 토닥여도 크게 위로가 되지 않다가도, 딸아이 옆에만 누우면 그렇게 위로가 될 수가 없었지요. 그렇게 아이가 주는 위로의 단맛에 몰두하다 보면 부부 사이는 자연스레 소원해지기도 합니다.

한 남자 선배는 둘째 아이를 낳고 나서 부부 관계를 하지 않는다는 큰 불만을 갖고 있었는데, 아내가 오직 둘째 아이만을 끌어안고 잔다는 것입니다. 엄마들은 아이가 엄마와 떨어지려고 하지 않는다고 말하기 쉽지만, 실은 엄마가 아이와 떨어지고 싶어 하지 않는 것을 아이는 감각적으로 알아차리는 것이지요. 그렇게 밀착하고 융합되어 버리면 그 누구도 밀착과 의존을 방해할 수 없게 되지요. 그 의존과 밀착에서 자신의 삶의 영역을 장악당하는 것은 아이 쪽입니다.

친구들과 한 약속은 깨더라도 엄마가 하는 요구는 거절하지 못하는 딸이 있습니다. 그리고 엄마에게 자신이 꼭 필요한 존재라는 만족(이득)을 얻게 되는데, 이렇게 필요한 존재로서 엄마에 대한 딸의 의존이 함께 형성되는 것입니다. 즉, 공생에 들어가는 것이지요.

엄마가 딸의 심리적 분리나 이탈을 허용할 수 없을 정도로 의존 상태에 있을 때, 이 의존은 엄마의 나약함으로 드러나기도 하지만 아이들에게 위협적인 두려움의 대상이 되기도 합니다. 도널드 위니캇은 "절대적 의존의 인식에 대한 일반적인 실패는 남성과 여성 둘 다의 운명인 여성에 대한 두려움의 원인이 된다"라고 말했습니다. 이 말은 유아가 엄마와의 관계에서 절대적인 의존에 대한 믿음과 신뢰를 얻지 못했을 때, 엄마인 여성이 자신을 언제든 버리거나 위협할지 모른다는 두려움을 갖는다는 뜻입니다. 엄마가 자신의 지속적인 불안과 의존의 정체를 알지 못하고 불안정을 유지하는 한, 아이는 여성에 대한 근본적인 두려움과 적대감을 품을 수 있지요.

이렇게 의존과 불안이 해결되지 않은 엄마가 어린 딸이나 아들을 통해 자신이 원하는 사랑을 확인할 수 없을 때, 견디지 못하고 감정적인 앙갚음을 하기도 합니다. 엄마의 감정적인 앙갚음 앞에서 아이들은 자신을 포기할 수밖에 없습니다. 아이들에게 엄마는 선택할 수 있는 대상이 아니기 때문이지요.

엄마는
신이다

"모든 것을 알고 있어야
제대로 보호할 수 있다고 여기는 엄마들이 많다.
정말 알아야 도울 수 있을까?"

"아이가 가장 불안할 때는 엄마가 바로 등 뒤에 있을 때이다."

-자크 라캉

의식이 발달하지 않은 아이들에겐 실제 엄마가 아니라 아이가 상
상하는 내사(內射)된 엄마의 상이 있습니다. 아이의 상상 속 엄마는
완전한 이상에 가까운 신(神)의 모습이기도 하고, 또 매우 잔인하고
무섭고 가혹한 어둠이기도 하지요. 엄마가 실제 어떤 엄마이냐에 상
관없이 아이에게 엄마는 절대적인 존재입니다. 아이들의 꿈에서 종
종 드러나는 무서운 엄마는 쥐, 벌레, 귀신 등으로 출현하며 아이들

을 위협하기도 합니다. 그것들은 엄마에 대한 아이의 상상적인 불안에서 기인하는데, 이 불안을 부추기는 특성은 엄마, 즉 여성성의 어두운 면에 있습니다.

칼 구스타브 융의 분석 심리학에서 말하는, 여성이 가지고 있는 어두운 면에는 '은밀하게 장악하고 집어삼킴'이 있습니다. 상징적으로 어머니를 대지(大地)에 비유하는데, 대지는 비옥함으로 인간을 돌보기도 하지만 그 대지가 메마르고 척박해질 때 갈라지고 그 갈라진 틈으로 모든 것을 압도하고 집어삼키기도 하지요. 절대자(어머니)에 대한 원초적인 불안은 아이들 모두에게 있습니다. 어머니는 그 자체로 아이에게 제대로 알 수 없는 하나의 거대한 형상입니다.

잘못하면 혹여 버림받지 않을까, 내쳐지지 않을까 하는 불안은 인간 초기에 가지는 원시적인 불안으로, 매우 압도적으로 아이 자신을 해칠지도 모른다는 박해 망상을 유발하기도 하고, 그 망상을 방어하기 위해 여러 가지 강박적인 증상들이 일시적으로 출현하기도 합니다. 예를 들어, 잠자리 의식이나 반복적인 행위 등이 나타나는 것이지요. 부모가, 특히 엄마가 지나치게 엄격하거나 금지가 많을 때, 아이는 엄마를 위협적이고 두려운 존재로 상상합니다.

종교적으로 보면, 우리는 신에게 의지하기도 하지만 신을 두려워하기도 합니다. 이는 신이 나의 모든 생각과 말, 내 행위의 의도와 의미를 이미 알고 있다고 가정하고 나 자신이 판단과 심판의 대상이 되기 때문입니다.

《공동 번역 성서》〈루가복음〉 12장 7절에 보면, "그분은 그대들의 머리카락까지 다 세어 놓고 계십니다"라는 말이 나옵니다. 생각해 보면 참 무서운 말이지요. 내 머리카락까지 다 세어 놓고 있는 누군가가 있다면 어떤 기분일까요? 무언가 철저한 시선 아래서 꼼짝할 수 없는 느낌이 들지요. 신의 그 시선은 우리를 사람답게 살 수 있는 기준과 선을 부여하지만, 부자연스러운 억압을 초래하기도 합니다.

우리 주변에도 모든 것을 알고 있어야 모든 것을 보호할 수 있을 것처럼 말하고 여기는 엄마들이 많습니다. 정말 모든 것을 알아야 도울 수 있을까요? 그렇지 않습니다. 모든 것을 알고자 하는 내 욕망이 무엇인지를 더 깊이 들여다볼 필요가 있습니다. 이처럼 아이가 부모, 특히 엄마를 인식하는 지점에는 애착과 의존 그리고 이상화와 두려움, 두려움에서 나오는 공격성 등이 복잡하게 얽혀 있는 것이지요.

엄마의 존재감, 혹은 두려움

오래전에 실크로드 사막을 횡단한 적이 있습니다. 막연하지만 오랫동안 사막을 만나고 싶었고, 척박하겠지만 사막이라는 대자연을 만나면 그 감격이 얼마나 클지를 늘 꿈꾸었지요. 그러나 실재하는 대자연과의 첫 만남은 아름다움보다는 두려움이 컸습니다. 위용이 어마어마한 바위산, 그저 메마르고 쩍쩍 갈라진 사막의 지평선, 밤이면 바로 옆에 떨어져 있는 듯한 하늘의 별이 주는 압도감…. 아이에게 엄마는 그런 존재입니다. 미약한 자신의 존재 앞에 있는 엄마는 욕망의 대상이고 사랑의 대상이지만, 가늠하기 힘든 두려움의 대상이기도 하지요.

우리는 멀리 떨어져서 별을 볼 때, 그 빛의 아름다움과 모양의 다채로움을 즐기고 감상합니다. 그러나 아무런 공해도 없고 인간의 힘이 개입되지 않은 자연 안에서 바짝 다가서 있는 별을 보는 것은 한 번도 경험해 보지 못한 거대한 몸집으로 집어삼킬 듯한 두려움 그 자체였습니다. 엄마도 마찬가지입니다. 아이 뒤에 바짝 붙어 그 모습을 아이가 제대로 인지하지 못할 때, 엄마는 두렵고 압도적인 존재로 아이의 불안과 망상적 상상을 불러일으킵니다. 엄마가 바로 뒤에 있다는 것은 아이가 엄마라는 존재를, 대자연을 감각적으로만 느낄 뿐, 그 대자연이, 절대적인 타자인 엄마가 어떤 생각을 하는지, 자신을 어떻게 보고 있는지를 가늠할 수 없는 상태라는 말이지요.

물론 제가 느꼈던 두려움은 원시적이고 원초적이지만, '존재'와 연결된 두려움입니다. 우리가 우리의 존재를 자각하고 의식할 수 있는 순간은 내 앞의 타자(부모)가 자신을 포기하고 나를 비추어 주고 반영할 때, 품고 받아들일 때입니다. 그런데 제가 느꼈던 압도감은 자연이 뽐내는 위용에 저의 존재가 사라질 것 같은 두려움이었습니다. 부모의 존재가 그 자체로 너무 강하고 압도적일 때, 아이들이 느끼는 두려움도 이와 같을 것입니다.

존재감은 부모가 아이를 품고 자신을 지워서라도 아이를 존재하게 하는 데서 시작하고 발달합니다. 또한 어떤 압도적인 존재 앞에서도 내가 사라지지 않을 수 있다는 단단함과 균형을 경험할 때 자존감이 자리 잡을 수 있지요. 그렇게 획득하고 확인한 존재의 차원을 알 수 없는 타자에 의해서가 아니라 자신 스스로 포기하고 소멸할 수 있을 때 사랑의 영역으로, 또 다르게는 영적인 차원으로도 들어갈 수 있습니다.

엄마의 말, 혹은 불안감

아이가 자라는 동안 실제 엄마와 접촉하면서 내사된 엄마의 어둡고 두려운 면이 안정되어야 하는데, 이때 결정적인 역할을 하는 것이 바로 엄마의 '말', 엄마의 '언어'입니다. 초기에 아이가 느끼는 감각적인 쾌락과 두려움의 상태에서 조금씩 의식이 생기고 의식 밑으로 무의식이 구조화되기 시작하는 것은 말이 개입하면서부터입니다. 엄마가 어떤 말들로 아이를 반영하고 자신을 드러내느냐에 따라 아이의 초기 불안이 진화하고 안정적인 정신 구조로 진입하느냐가 결정되는 것이지요.

엄마는 말로 아이와 적절하게 거리 띄우기를 할 수 있습니다. 적절한 금지와 좌절, 적절한 경계가 오히려 아이를 안심하게 하지요. 지나치게 엄마의 감정에 밀착되어 일관성 없는 엄마의 언어들로만 아이의 자아가 채워질 때, 아이에게 여러 정신적인 현상이 나타납니다. 엄마가 구체적이고 명료하게 엄마 자신의 욕구와 욕망을 언어로 표현할 때, 아이는 안전하게 엄마를 인식하고 수용할 수 있으며, 또 스스로 저항하거나 거리 띄우기도 시도할 수 있지요. 그 과정이 없으면 아이는 자신을 보호할 수 있는 역량을 잃어버리게 되고요.

말은 일종의 질서를 부여합니다. 아이는 압도적인 감각 앞에서 불안을 경험하는데, 엄마의 설명과 안내, 그리고 제한의 말들은 그런 아이의 상상적인 불안을 안정되도록 도울 수 있습니다. 엄마가 짜증을 내고 화를 못 이겨 아이에게 퍼부었다면, 반드시 수습하는 시간을 가지는 것이 좋습니다. 수습은 무작정 미안하다고 사과하는 것을 반복하는 것을 의미하지 않습니다. 자신이 왜 화를 냈는지를 설명하고, 아이에게 감정을 되물어서 아이가 스스로 두려움과 무서움을 말로 표현하게 하면, 상당 부분 정서적으로 안정과 질서를 가질 수 있어요.

청소년과 이야기할 때, 아이는 엄마가 무언가 자신에게 요구하는 것 같은데 그것이 무엇인지 모르겠어서 불안하고 힘들고 답답하다고 말하고는 합니다. 사실 엄마 자신도 본인이 무엇을 진정으로 원하고 있는지를 잘 모릅니다. 그저 "네가 잘되길 바라는 거지, 너를 위해서 그러는 거야"라는 모호하고 무책임한 말을 던질 뿐이지요.

차라리 엄마 자궁 속으로
다시 들어가 버릴까?

"엄마가 자신의 불안을
제대로 관리하지 못할 때,
그 대가는 가장 가까운 자녀가 치러야 한다."

개인 분석을 진행하다 보면, 매우 흥미로운 경험을 하게 되는 일이 있습니다. 우리나라는 딸이 성인이 되어도 결혼 전까지는 집에서 데리고 있는 경우가 많습니다. 혹 독립해서 나가 살더라도 20대까지의 딸은 엄마 손에 붙들려 상담실을 찾는 경우가 많은데, 엄마들이 딸들을 데리고 오는 이유는 여러 가지입니다. 심한 우울, 사회생활 부적응, 관계 맺기 어려움, 심한 감정 기복 등등 이유는 다양하지요.

물론, 엄마 손에 이끌려 온 경우 대부분 상담료도 엄마가 지불합니다. 그래서 엄마들은 언제든 딸의 상태에 대한 보고를 받기를 원합니다. 상담에 협조한다는 핑계로 수시로 상담자에게 연락하여 자녀의 상태를 확인하고 듣고 싶어 하지요. 당연해 보이지만, 결코 당연한 것은 아닙니다. 그리고 엄마 자신이 원하는 방향으로 아이를 이끌어 주기를 직접적으로 요구하기도 하고, 은근슬쩍 돌려 말하면서도 끊임없이 자신이 원하는 방향을 요구합니다. 이는 엄밀히 말해, 경제적 지원을 하고 있으니 어떤 통제권도 엄마가 쥐고 있겠다는 경제 권력의 표시이기도 하지요.

분석 과정에서는 감정적인 억압이 자연스럽게 풀어지면서 여러 가지 증상이 더 두드러져 보입니다. 안 하던 반항을 하고 안 하던 감정 표현을 하며 가족들을 당혹스럽게 하지요. 엄마와 딸이 함께 상담실을 찾은 첫날에 이런 불편한 상황이 일어날 수 있고, 그것은 과정이니 견디고 기다리시라고 미리 안내를 드리지만, 정작 맞닥뜨리면 몹시 불안해하며 전화를 하거나 상담실로 달려오는 경우가 많습니다. 머리로는 그럴 수 있다고 동의하지만, 실제로 내가 생각하지 못한 딸의 모습을 받아들일 준비가 전혀 안 되어 있다는 뜻이지요. 딸의 상담자는 엄마의 그런 불안을 직접적으로 다루어 줄 수는 없지만, 뒤에 있는 엄마의 불안도 함께 끌어안고 가야 합니다.

비교적 공통적으로 나타나는 이러한 현상들을 경험하면서 알게 된 것이 있습니다. 엄마는 딸이 심리적으로나 사회적으로 어려움을 겪는 경우 그것이 해결되기 바란다고 하지만, 그 범위는 엄마 자신이 불편하지 않은 선까지입니다. 말하자면 엄마가 원하는 방식, 정도까지만 변화를 바란다는 것이지요. 그것이 변화일까요?

딸 입장에서 보면, 그것은 엄마를 불편하게 하는 자신의 증상을 제거하라는 요구에 불과하지요. 정작 자기 자신으로 살기 위한 분석이나 상담이 성공적으로 진행되어 딸이 자신의 삶을 찾고 그 삶 안으로 성큼 걸어 들어가면 많은 엄마들은 불안해합니다. 그것이 엄마를 버리는 것이 아니라 자신의 삶을 세우는 과정에서 일어나는 하나의 과정이라는 것을 견딜 수 있는 엄마는 그리 많지 않습니다.

유난히도 딸과 엄마는, 설령 그것이 애증이라 할지라도, 감정적으로나 정서적으로 강력하게 연결되어 있습니다. 그래서 여러 현실적인 이유들을 찾고 그럴듯한 변명을 대며 딸의 심리 작업을 그만두기를 바라거나 직접적으로 상담을 중단시키기도 하지요. 엄마가 딸을 위해 상담을 의뢰했는데, 정작 그 엄마가 가장 큰 방해 요인으로 작용하는 것은 매우 흥미로운 현상입니다. 이처럼 엄마가 딸의 심리 상담을 의뢰하는 경우, 딸을 위한 변화가 아니라 엄마의 불편을 해결해 달라는 요청과 다름없는 경우가 많습니다.

엄마의 불안은 아이에게 전달된다

오래 전 〈인생은 아름다워(1997)〉라는 영화를 보면서 크게 감동받은 적이 있습니다. 영화에는 나치 수용소에 갇힌 아이 아빠가 수용소를 놀이터로 만들어 아이가 공포를 느끼지 않도록 애쓰는 과정이 그려져 있습니다. 가슴이 너무 저려 눈물이 나면서도 그 위트에 웃음이 함께 나는, 울면서 웃어야 하는 괴로운 영화였지요. 울고 웃는 내내 감동과 고통이 함께 따랐던 걸로 기억합니다. 또 그 무지막지한 수용소 안에서 무서움은커녕 숨바꼭질 놀이에 신이 난 아이의 모습이 인상적이었지요.

이때 아빠가 수용소를 놀이터로 만들 수 있었던 가장 중요한 지점은 아빠가 수용소에 감금된 자신의 상태를 받아들였다는 것입니다. 부모가 자신의 상태를 받아들이지 못한 상황에서는 아무리 아름답게 포장해서 아이에게 전달해도 아이가 불안을 느끼지 않는 것이 아닙니다. 우선적으로 부모 자신이 어떤 상황이나 상태를 회피하지 않고 적극적으로 받아들이고 수용한 상태라야 한다는 것이지요.

지그문트 프로이트의 막내딸인 안나 프로이트는 런던 대공습이 일어나는 전쟁 중에도 엄마가 아이에게 사물과 상황을 어떻게 전달하느냐에 따라 아이들의 불안이 하늘과 땅 차이로 나뉜다는 것을 이야기한 바 있습니다. 그녀는 전쟁 중에 런던 시내의 공습이 멈춘 시간에도 많은 아이들이 불안과 공포에 잠을 이루지 못한 반면, 어떤 아이들은 상황을 수월하게 넘기며 즐거운 놀이에도 몰두할 수 있었다는 보고를 했지요.

중요한 것은 아이를 케어하는 엄마의 태도입니다. 엄마가 불안하면 아이도 불안하며, 그 불안에 엄마보다 더 크게 압도될 수 있습니다. 엄마가 엄마 자신의 불안의 정체를 알고 관리해야 하는 이유이기도 하지요. 그리고 이미 외부에서 일어난 불행한 상황을 부모, 특히 엄마가 어떤 태도로 받아들이고 그것을 마주하느냐는 아이의 정신 건강에 안정을 주느냐 불안을 주느냐를 가르는 중요한 기준이 될 수 있습니다. 단, 현실을 회피하고 과도하게 아름다운 환상을 아이에게 심어 주어야 한다고 오해해서는 안 됩니다. 일어난 현재의 상황과 현실을 엄마 자신이 충분히 직시하고 받아들인 다음, 흔들리지 않고 단단하게 아이를 잡아 주어야 하지요.

엄마가 딸을 떼어 낸다는 것

우리가 느끼는 불안은 대부분 현실적인 불안이기보다 상상적인 불안인 경우가 많습니다. 가령, 아이가 학교를 오가면서 사고가 나지 않을지를 과도하게 불안해하는 엄마가 있다고 해 봅시다. 우선은 오고 가는 과정이 충분히 안전한지를 점검해 보고 현실적으로는 꽤 안전한데도 과도한 불안에 휩싸이곤 한다면, 아이를 양육하면서 지치고 힘들어 오히려 아이를 떼어 버리고 싶은 욕구가 있지는 않은지, 혹은 억눌린 공격성이 다른 엉뚱한 곳으로 옮겨 붙어 있는 것은 아닌지를 의심해 볼 만합니다. 마찬가지로 부모님이 잘못되실까 봐 불안해하는 자녀는 우선 부모님의 현실적인 나이와 현재의 건강 상태 등을 가늠해 보고, 현재의 상태가 그 나이의 범위에서 크게 벗어나지 않음에도 과도한 불안을 느끼고 있다면 다른 의심을 해 봐야 합니다.

그리고 우리가 느끼는 상상적 불안은 대개 어린 시절에 경험했던 불안에서 비롯되는 것이 많습니다. 어린 시절 아이에게 가장 중요한 이슈는 '엄마에게 내가 소중한 사람일까?'입니다. 나에게 가장 중요한 대상인 엄마가 나를 소중하게 여기는지, 혹시 나를 버리거나 나에게 위해를 가하지는 않을지가 아이가 본성적으로 가지는 이슈이고 내면에서 일어나는 질문이지요.

대리언 리더의 책 《우리는 왜 아플까》를 보면, 심리학자 조이스 맥두걸은 엄마와 아이 관계에서 흥미로운 해석을 내놓았습니다. 종종 병든 사람이 병에 대한 투혼을 발휘하지 못하고 포기해 버리는 경우가 있는데, 이는 '내 몸에 침입해 나를 통제하고 무력화시키는 무의식적 이미지에 더 이상 저항하지 않겠다는 태도'로 체념한다는 것입니다. 그는 이 '무의식적 이미지는 엄마와의 동일시'에서 비롯된다고 말했습니다. 또한 "아이들은 본능적으로 위협을 당하면 저항하거나 복수하려고 한다. 하지만 체념하는 사람은 엄마에게 복종하듯 엄마의 세계로 침잠한다. 엄마를 사랑하거나 저항할 수 없을 만큼 엄마에게 지쳤으므로 엄마에게 침잠한다"라고 말했지요.

엄마의 삶이 물리적으로든 심리적으로든 너무 고단하고 지쳐 자신의 감정이 끊임없이 밖으로 새어 나올 경우, 그 감정의 봇물을 받아 고인 물로 담는 것은 아이입니다. 아이 중에서도 특히 딸이 그렇지요.

실제로 명문대 여대생인 정수 씨는 다시 엄마 자궁 속으로 들어가고 싶다고 입버릇처럼 말하곤 했습니다. 무기력과 우울감으로 고생해 온 이 여대생은 자신 안으로 침투해 들어오는 엄마의 원한과 삶의 고통에 대한 감정의 바다에 침잠된 채, 그곳을 탈출하거나 빠져나가려는 시도를 포기하고 "엄마 자궁 속으로 되돌아가고 싶다"라는 말을 하며 퇴행적 상태를 보였지요. 그런데 스스로 풀어내지 못한 감정의 응어리들이 딸아이에게 그대로 흘러들어 간 것을 의식할 수 없었던 여대생의 엄마는 힘겨웠던 젊은 날들을 딸과 함께 공생하며 버티다, "이제는 좀 살 만하니 너도 네 삶을 살아"라고 말합니다. 엄마는 딸이 좀처럼 엄마의 울타리를 벗어나려고 하지 않으니, 이제 조금씩 불편감을 느끼기 시작한 것입니다.

하지만 정작 딸이 자기 분석 과정을 통해 엄마의 감정의 바다에서 조금씩 떨어져 나와 엄마에게 저항하며 자신을 보호하기 시작하자, 엄마는 다시 딸아이를 주저앉히고 싶은 욕구를 느끼기도 했지요. 집 안에서만 꼼짝 않던 딸아이가 일자리도 구하고 세상 밖으로 나가려고 하자, 언제까지 그렇게 아무것도 하지 않으려 하냐고 나무라던 엄마는 슬쩍 말을 바꾸기도 했습니다. "돈은 안 벌어도 좋으니 너무 무리하지 마"라고요. 언뜻 딸아이를 위한 말처럼 보이지만, 이 말의 숨은 의도는 그냥 그대로 가만히 있으라는 것과 다름없지요.

진실을 인정하는 것이 치유다

엄마들을 너무 악하게만 묘사하는 것은 아닌가 하는 자책감이 살짝 들면서 조금의 변명을 보태 보면, 이런 사례들은 우리가 의식하지 못하는 깊은 곳의 불안들이 만들어 낸다는 것입니다. 모든 엄마나 모성이 딸을 무조건 감정의 쓰레기통으로 사용하거나 자신의 굴레로 압도하는 것도 아니고, 늘 그런 것도 아니지요. 하지만 엄마인 내가 나의 불안의 정체를 제대로 알아차리지 못할 때, 그것을 관리하지 못할 때, 그에 대한 대가는 가장 가까운 자녀가 치러야 하는 것은 분명합니다.

어느 정신 분석학자는 "치료받는 사람을 가장 윤리적으로 생각하고 결정하려면 안녕과 평안 대신 진실을 선택해야 한다"라고 말했지요. 진실을 드러내는 일은 언제나 위험과 고통이 따르지만, 막상 드러나면 별것 아닌 것으로 다가올 때도 많습니다. 대단한 두려움으로 마주한 진실에 무너질 것 같은 고통을 경험하기도 하지만, 그것을 직시하고 집중할수록 물 표면은 거칠게 요동할 수 있어도 물속의 흐름은 더 고요해지고 편안해지는 것을 경험하게 되지요. 그리고 잠잠해진 물속의 흐름은 곧 표면의 출렁임도 가라앉혀 줄 것입니다.

알을 품은
어미의 욕망

"세상 밖으로 딸을 내놓지 않으려는 엄마의 불안과
걱정 이면에는 알을 품고 있는 쾌감을 놓고 싶지 않다는
욕망이 있다."

딸아이에게 만 2년간 모유를 먹였습니다. 아이는 두 돌이 지나 커다란 덩치로 뛰어다닐 때까지도 젖을 먹었지요. 아이가 말귀를 충분히 알아듣고 원 없이 실컷 먹어서 그런지 젖을 떼는 일도 그렇게 어렵지 않았습니다. 일주일 정도 저녁마다 아이를 안고 엄마가 이제 더 이상 젖을 줄 수가 없으니 그만 먹어야 한다고 이야기했고, 이미 말귀를 알아듣는 아이는 어느 순간 자연스레 젖 먹기를 포기했어요.

친정어머니는 저를 낳고 젖이 모자라 항상 속상했다는 이야기를 하시곤 했습니다. 갓난쟁이 때부터 마치 시계처럼 정확한 시간에 젖 달라고 울었다고 합니다. 이미 태생적으로 엄마의 상태에 먼저 오감

이 열려 있던 아이가 아니었을까 싶네요. 그만큼 엄마를 향한 욕망과 갈망이 컸다는 이야기일 수도 있습니다. 그것이 엄마의 욕망이 강렬해서였는지, 그저 엄마와 저의 밀착과 융합이 유난히 강력해서였는지는 알 수 없습니다. 닭이 먼저인지, 달걀이 먼저인지의 이야기와 같기 때문이지요.

아이와 엄마의 사랑은 이러한 강력한 일치와 융합감으로 시작됩니다. 그 하나로 뭉쳐 있는 융합에서 점차로 알을 깨고 나와야 하지만, 많은 딸은 그 상태로 멈추어 있고는 합니다. 멈추어 있는 경우라면 엄마들은 자신의 품속에서 알을 내놓지 않지요. 내놓지 않는 것을 정서적인 이유로 둔갑시키기도 하지만, 엄마가 융합에 대한 신체적인 쾌락을 포기하지 않기 때문이기도 합니다.

엄마의 품속은 쾌락이다

젖에 대한 결핍 때문이었을까요? 저는 유난히 모유 먹이는 일에 집착했습니다. 의식적으로는 심리학 공부도 했고 엄마가 될 준비를 충분히 해서 그런 것이라 자신을 설득했지만, 정신 분석을 공부하면서 그 융합 안에서 엄마인 제가 느꼈던 충족감과 만족감이 무엇인지를 알게 되었지요. 정서적인 서사를 부여하자면, 그것은 모성이라기보다 저의 결핍감을 회복하고자 하는 하나의 보상으로 볼 수 있습니다. 친정엄마와 비슷한 체질이라 당연히 "너도 젖이 모자랄 거야"라고 엄마는 말씀하셨지만, 모유에 대한 저의 애착이 심해서인지 체질과는 상관없이 만 2년을 멈추지 않고 모유를 먹이는 것에 성공했지요.

물론 아이에게 모유를 먹이고자 하는 욕망은 아이에게나, 엄마에게나 꽤 유익하다고 할 수도 있습니다. 그 유익은 생물학적으로 모유가 좋기 때문이라는 것이 아니라, 그 욕구 덕분에 아이가 세 돌이 될 때까지 정말 충분히 아이와 밀착해 있었다는 것을 의미하지요. 그 시간 동안에 딸아이는 엄마를 충분히 먹고 가지고 또 즐겼기 때문입니다. 모유를 먹이는 엄마는 하루 종일 몸을 써야 하니 온몸이 보통 망가지는 게 아니지요. 물론 분유를 먹이는 엄마 또한 분유를 조절해서 먹이고 챙기고 닦는 일이 만만치가 않으니 그에 못지않은 육체적 고단함과 고통이 따릅니다.

그런데 모유를 먹이며 경험했던 감각적인 몸의 경험 중 강렬하게 기억되는 것이 하나 있습니다. 아이들은 밤에 잠을 자다가도 수시로 젖을 찾곤 합니다. 어둠 속에서 둘이 널브러져 깊이 자고 있다가도 아이가 젖을 찾아서 움찔거리면 저는 젖을 찾기 쉽도록 팔을 위로 올렸는데, 그러면 아이가 또르르 말려들어 와 젖을 물었지요. 그리고 그 순간, 완전한 합체감, 일치감 같은 묘한 쾌감과 충족감 같은 것을 느졌지요. 그 과정은 아이도, 저도 본능적이고 감각적으로 움직이는 경험이었어요. 그 경험이 아이에게는 젖에 대한 만족감을 주었겠지만, 엄마인 제게도 묘한 충족감과 만족감을 주었습니다. 그것은 신체와 정신적인 것을 분리시켜 말할 수 없는 그런 쾌감의 상태였지요.

이 만족에는 온전한 융합과 일치에 대한 쾌감, 욕망이 존재했다는 것을 나중에야 이해했습니다. 그 쾌감은 영아기의 아이와 엄마가 충분히 누려야 할 것이기도 하지요. 그때의 강렬한 감각은 아직도 선명하게 몸에 기억되어 있습니다. 아이에게는 엄마의 몸이, 엄마의 젖과 밀착해 있는 그 순간이 놀이터이고 낙원입니다. 그 낙원은 아이만 누리는 것이 아니라 엄마도 알을 품으며 함께 누리지요. 하지만 문제는 이미 성인이 된 자식을 둔 많은 어머니들이 이 품속 쾌락을 포기하지 않으려 한다는 것입니다.

줄탁동시의 심리학

병아리가 알에서 깨어 나오려면 어미 닭이 알을 충분히 품고 있어야 합니다. 때가 되면 병아리가 나오려고 알을 쪼기 시작하는데, 어미 닭도 병아리가 나오기 쉽게 하려고 밖에서 톡톡 쪼아 줍니다. 이것을 줄탁동시라고 합니다. 그렇게 알에 금이 가면, 그 속에서 나오는 것은 이제 온전히 병아리의 몫입니다. 어미 닭은 병아리를 직접 꺼내 줄 수 없습니다. 그저 안에서 몸부림치는 병아리를 끝까지 지켜보며 기다리는 것이지요. 섣불리 부리로 병아리를 집어 올리면 아마도 병아리는 다치게 될 것이고, 스스로 근육을 사용하는 방법을 터득하지 못할 것입니다.

병아리가 스스로 알을 깨고 나오는 것을 지켜보고 견디는 일은 어미 닭이 겪어야 하는 두 번째 과제입니다. 첫 번째 과제는 비록 알을 품는 시간 동안 힘겨웠지만 동시에 함께 누리기도 했던 만족감을 포기하는 일입니다. 즉, 상실을 허용하는 것이지요.

몸이 기억하는 만족과 쾌감을 무의식적으로 포기하지 않을 때, 엄마는 정서적으로 아이를 엄마 품속에서 놓아주지 못할 수 있습니다. 상실을 허용하지 않는 모성의 태도이지요. 그렇게 품은 알을 일생 자신의 품 밖으로 내놓지 않는 경우도 있습니다. 아이가 조금씩 커가면서 아이도 엄마의 젖에서 떨어져야 한다는 사실을 받아들이고 엄마도 품속에서 아이를 꺼내 놓아야 하지만, 심리적으로 세상에 아이를 내놓지 않으려고 고집하는 엄마들은 생각보다 많습니다.

심리적으로 강력한 밀착과 융합을 유지하며 세상 밖으로 딸을 내놓지 않으려는 엄마들의 불안과 걱정 이면에는 알을 품고 있는 그 쾌감의 상태를 유지하고 지속하고 싶어 하는 엄마의 욕망이 있습니다. 강력한 엄마와의 연대에서 벗어나지 못하고 물리적으로도 엄마 주변을 끊임없이 회귀하는 딸은 엄마의 '요구'에서 자유롭지 못합니다. 스스로 근육 사용하기를 멈춘 자녀들은 성장해서 배우자를 만나도 그 배우자와 관계를 다지고 결속하기보다 여전히 자신들을 품고 있는 엄마나 아버지의 품속으로 회귀하려 합니다. 그리고 그것을 가족애라는 강력한 알리바이로 방어하지요.

엄마라는 존재는 언제든 돌아갈 수 있는 곳이어야 합니다. 하지만 그 돌아갈 곳이 물리적 엄마와 맺는 실존적 관계를 의미하는 것은 아닙니다. 돌아갈 엄마의 품은 아이의 마음속에 자리하고 있어야 하지요. 엄마의 품이 마음속 그리움으로 남기 위해서는 어미 닭이 알을 꺼내면서 겪는 상실을 엄마도 아이도 필연적으로 경험해야 합니다. 실제적인 상실이 일어나고 그 결핍을 받아들여야 아이는 마음속에 엄마의 자리를 만들 수 있어요. 그리고 마음속에 만들어진 엄마의 자리는 새로운 사랑을 가능하게 하고 새로운 관계 속으로 들어가게 하는 마음의 근육이 되지요.

엄마가 상실을 감수하지 않으려 하고 욕망을 포기하지 않는다면 아이는 결코 그 마음의 근육을 갖지 못하게 됩니다. 그것을 갖지 못하는 아이는 온전히 자기 삶으로 걸어 들어갈 수 없어요. 엄마인 나는 나 자신에게 질문해야 할 순간이 올 것입니다.

"정말 내 아이가 나를 떠나도 괜찮은가? 나는 그 상실을 허락할 준비가 되어 있는가?"

그렇게 나 자신에게 가장 솔직해져야 하는 순간이 옵니다. 그 순간
에 우리는 어떤 선택을 할 수 있을까요?

내 아이가 감정 쓰레기통이
되지 않으려면

"타인에게 자신의 감정 쓰레기를 함부로 투척하는 아이는
가정에서 부모의 감정 쓰레기통으로 쓰이고 있을
가능성이 높다."

두어 달 전부터 딸아이가 미술학원에 다니기 시작했습니다. 초등 6학년 때까지 학원에 다녀 본 적 없는 아이는 꽤 긴장했지요. 게다가 전문반이라 분위기가 취미반처럼 여유 있지도 않았지요. 저는 뒤늦게 들어간 딸아이가 아이들과 바로 어울리지 못해 주눅 들고 위축되는 모습을 지켜보아야 했습니다. 내성적인 성격이라 선뜻 먼저 다가가는 일이 참 어려운 아이입니다. 아이가 힘들다는 걸 읽어 주고 충분히 들어 주면서 이왕 시작한 과정은 끝맺자고 다독거리고 있었는데, 어느 날 아침 울먹이며 학원에 가기 싫다고 말하는 것입니다.

아무래도 석연치가 않아서 아이를 붙들어 앉혀 놓고 제대로 물어

보니, 기존 친구들 중 말이 세고 선동적인 여자아이 하나가 드러내 놓고 왕따를 시키고 있다고 합니다. 정물을 놓고 둥그렇게 모인 아이들이 이젤을 가로로 놓았기에 자기도 가로로 놓고 그리다 보니 어느 순간 모두 세로로 놓고 그리고 있다거나, 자리를 옮기면 그 여자아이가 욕을 중얼거리며 다른 아이에게 눈짓을 한다거나 한답니다.

미술이 싫어서 징징거리는 것이 아니라 꽤 구체적인 괴롭힘 때문에 미술을 그만두겠다고 한다는 판단이 들어 학원으로 확인 요청을 했더니, 그 아이는 이미 친구를 괴롭힌 전적이 있었고 강사는 바로 알아들었습니다. 처음엔 그런 적 없다고 잡아떼던 아이가 결국 "스트레스를 그냥 그 애에게 풀었다"라고 털어놓았다는 것입니다.

이렇게 아무 이유 없이 당했다는 사실에, 그것도 내 아이가 감정 쓰레기통으로 쓰였다는 사실에 피가 거꾸로 솟듯 분노가 치밀었습니다. 집에서는 아이 감정을 다치게 할까 봐 큰소리 한번 제대로 내지 않는데, 이렇게 밖에서 감정 쓰레기통이 되었다는 걸 생각하면 달려가서 멱살이라도 잡고 싶은 마음이었지요.

다행히 학원에서 그 아이에게 사과하도록 하고 한 번 더 이런 일이 일어나면 내보내겠다고 강력하게 조치하는 것으로 일단락되었습니다. 딸아이 이전에 다른 친구에게도 같은 일을 반복한 아이였지요. 딸아이는 이번에 큰 경험을 했습니다. 부당한 일을 직접 겪었고, 어른들이 자신의 억울함을 알아주고 조치를 취해 준다는 경험이지요.

부정적 감정을 타인에게 투척하는 아이들

아이들끼리의 감정싸움이나 친구들 사이에서 일어나는 갈등에는 결코 개입하지 않고 함께 견디고 기다린다는 것이 저의 원칙입니다. 그것은 결국 아이가 스스로 겪어 내고 견디어 내야 하는 것이고, 살아남는 것 또한 아이 스스로 해내야 하는 일이기 때문이지요.

하지만 부모는 그저 여자아이들의 관계에서 일어나는 감정적인 문제인지, 노골적인 정서적 폭력인지를 빠르게 알아차리고 분별할 필요도 있습니다. 자신이 억울하고 부당한 일을 겪을 때 여자아이들은 자기에게 무언가 사람들이 싫어할 만한 점이 있지 않을까 생각하며 위축됩니다. 그리고 부모에게 이야기해도 실제로 자신을 보호하기 위해 부모가 나설지에 대한 의심과 두려움이 있지요. 설령 부모가 나선다고 해도 그것이 싸움이나 더 큰 갈등으로 번지진 않을까에 대한 두려움도 크게 가집니다. 그래서 혼자 참거나 삭이는 경우가 종종 있지요.

그러다 보면 누군가 자신을 부당하게 대하거나 함부로 대하는 데 익숙해지기도 합니다. 또한 그 익숙함 속에서 어른에 대한, 타인에 대한 신뢰의 경험을 내면으로 쌓지 못하게 되지요. 이것을 '상상적 불안'이라고 합니다. 상상적 불안은 현실적 불안과는 다릅니다. 아이뿐만 아니라 어른 중에서도 혼자 상상 안에서 많은 일을 참고, 해결하고, 생각하는 패턴이 종종 발견됩니다.

딸아이는 혼자서 이런 생각을 했다고 합니다. 학원에 늦게 들어갔고 자기 미술 실력이 제일 떨어지니까 '선생님께 말해도 그냥 주의만 주고 큰 반응을 안 할지도 몰라, 얘기해도 그 앤 안 바뀔 텐데, 내가 더 힘들어지면 어쩌나…' 등등. 이렇게 혼자만의 상상을 하며 엄마에게도 구체적인 이야기를 하지 않고 몇 주는 그냥 참았다고 합니다. 말 그대로 혼자서 생각하고 상상하고 그냥 꾹 눌러 담은 것이지요.

낯선 곳에서 선뜻 다가가지 못하는 약한 위치에 있는 딸아이의 약점을 잡고, 자신의 감정 쓰레기를 아무렇게나 투척하는 것이 습관이 되어 있는 이 아이는 이미 가정에서 엄마나 아빠의 감정 쓰레기통으로 쓰이고 있을 가능성이 매우 높습니다. 아이들은 부모를 원하고 바라보기에 부모에게서 부정적인 감정과 행동이 쏟아질 때, 그 때문에 발생하는 적대감을 본능적으로 피하고 싶어 합니다. 이것은 어른도 마찬가지인데, 가까운 가족이나 중요한 사람들에게 느끼는 부정적인 감정이나 적대감을 회피하고 싶어 합니다. 그리고 처리하지 못한 그 적대감을 적절한 대상을 찾아 투척하지요.

그것이 어떤 종류의 것이든 부모의 감정이 아이에게 영향을 주고 있다는 것을 인정할 수 있으면, 내가 의식하지 못한 무의식적인 의도까지도 아이의 반응과 상태를 통해 알아차릴 수 있습니다. 즉, 아이의 상태나 반응을 좀 더 민감하게 알아차릴 수 있지요. 하지만 남편에 대한 스트레스와 서운함이 차곡차곡 쌓인 엄마는 그것이 아이에게 스트레스로 발산되고 있다는 것을 빠르게 알아차리기 힘듭니다. 그것을 인정하고 자신의 상태를 알아차리면, 남편과의 숙제를 풀어야 하는데 그것이 더 피곤하고 힘들며 엄두를 내기 어렵기 때문이지요.

그 결과, 아이에게 감정을 쏟아 내고는 아이의 잘못이나 문제 행동에 그 원인을 귀속시키며 자신을 설득하고 아이를 이해시킵니다. 이것 또한 부부의 문제 혹은 나의 문제에 대한 대가를 아이가 치르게 만드는 것이고, 매우 빠르고 편리하게 나의 독성을 해결하는 방법입니다. 매번 같은 이야기를 하지만, 엄마나 아빠가 자신의 감정과 접촉할 수 없고 자신의 내면에 대한 이해와 탐색이 없다면, 아무리 훌륭한 조언이나 아무리 유능한 전문가의 강의와 해결책을 따라 해도 크게 달라질 것이 없습니다.

아이의 마음을 들어야 한다

아무리 내 아이를 소중하게 대해도 이렇게 누군가가 함부로 아이에게 정신적인 폭력을 가하면 대책이 없지 않으냐고 물을 수도 있습니다. 내 아이만 잘 키운다고 모든 것이 해결되지 않는 것이 사회이고 세상인 것은 분명하지요. 이유 없이 당하는 폭력은 언제 어디서 일어날지, 어떤 방식으로 일어날지 부모가 제대로 알아차리기가 어렵습니다. 아이의 말을 '잘 듣지' 않으면 분별하기는 더욱 어렵지요. 엄마나 아빠가 가진 아이에 대한 선지식과 선입견, 엄마, 아빠 고유의 생각과 경험의 틀 안에서 들으면 아이의 말이나 신호를 있는 그대로 알아차리기 어렵습니다.

무슨 이유인지, 진짜 개입해야 할지 등을 제대로 분간하는 것이 부모에겐 참 어려운 숙제입니다. 아이와 동일시되어 아이의 조그만 불편에도 득달같이 학교나 학원으로 달려가는 엄마도 종종 있습니다. 내 아이의 문제인지, 다른 아이가 부당하게 괴롭히는 것인지를 분간하는 것도 아이가 아니라 어른의 책임이 크지요. 제때에 개입하지 못하거나 혹은 개입하지 말아야 할 때 개입하면, 아이는 어른에 대한 신뢰를 경험하지 못하거나 혹은 자신을 믿지 못하게 됩니다.

제 아이에게는 몇 가지를 이야기해 주었습니다. '사과를 했지만 그 아이는 쉽게 바뀌지 않을 것이라는 점, 부당한 괴롭힘이 있을 때 가까운 어른이나 부모에게 곧바로 알려야 한다는 점, 하지만 부모나 선생님의 도움도 한계가 있기에 자신을 스스로 지킬 수 있어야 한다는 점' 등이었지요. 그 아이와 같은 방식으로 대하지 않으면서도 타인이 나를 함부로 대할 수 없도록 어떻게 대처해야 하는지에 대한 이야기들을 나누었지요. 어떤 경우에도 엄마와 아빠가 너를 지킬 것이지만, 자신을 스스로 지켜 내야 하는 순간이 있다는 것도 아이는 조금씩 배우고 알아 가야 합니다.

아이와 함께 산을 하나 넘은 기분이 들었습니다. 힘들어하는 아이를 바라보는 부모도 함께 힘이 듭니다. 상처 없이 자라기를 바라는 것이 부모 마음이지만, 상처를 피할 수만은 없지요. 상처에도 불구하고 타인을 믿을 수 있는지를 경험하고 그것을 겪어 낼 수 있는 단단한 정서적인 맷집을 키우는 것이 무엇보다 중요합니다. 그러기 위해서는 아이의 말을 제대로 들을 수 있어야 하고, 엄마인 내가 생각하는 관심이 아니라 아이가 필요로 하는 관심을 세심하게 기울일 수 있어야 하지요. 딸아이는 그 일이 있은 후, 이전과는 다른 단단한 모습을 보였습니다. 아이는 이렇게 말했지요.

"엄마, 내가 왜 그렇게 다른 아이들을 의식했는지 모르겠어. 지금 생각하면 정말 아무것도 아닌 일 같아. 신기할 정도야."

엄마의 마음을 보아야 한다

시대가 변하고 사회는 매우 달라졌습니다. 엄청난 양의 정보가 쏟아지고, 얼마나 많은 전문적 지식과 양질의 정보들이 우리에게 제공되고 있는지도 모를 정도입니다. 그럼에도 불구하고 정작 내 상태를 가늠하고 찬찬히 들여다본다는 것이 무엇인지조차 감지하지 못한 많은 부모들은 육아를 책으로, 아이와의 관계 맺기도 전문 서적에 의존해 나가고 있는 것이 사실이지요.

많은 사람들이 자신이 어느 순간에 참 힘들고, 어느 순간에 정말 만족감과 흡족함을 느끼는지 구체적으로 알지 못합니다. 그런 상태에서는 훌륭한 조언을 따른 결과가 예상한 방향대로 흘러가지 않을 때 당황하고 어찌할 바를 모르게 되지요. 엄마와 아빠가 본인의 상태를 알아차리는 일에 대해 무감한 경우, 당연히 아이가 말하는 언어 이면의 욕구나 요구는 무시되기 쉽습니다. 그렇게 자신의 욕구가 무시되고 소외된 아이들 또한 자신의 욕구나 요구를 알아차릴 수 없게 되지요. 악순환의 반복입니다. 내가 나의 상태를 알아차리지 못한다면, 의문을 갖고 의심할 수는 있어야 합니다.

'이 감정은 무슨 감정이지? 내가 왜 이렇게 화가 나는 거지? 나는 왜 내 생각과 달리 이렇게 아이에게 말하고 행동하고 있는 거지?'

우리는 자신에게 무수한 질문을 해야 합니다. 내가 나에게 던져야 할 질문을 아이나 배우자에게 던지며 그들이 그 답을 찾고 해결하길 요구하고 있지는 않은지 지금 멈추어서 한번 살펴보아야 합니다.

2장

내가 정말
내 아이의
엄마일까

엄마의 시선에 대하여

엄마는 엄마의 삶을 살면 된다

"엄마가 헌신적으로 열심히 사는 것은 중요하지 않다.
자신의 삶을 얼마나 진정으로 욕망하고
집중하느냐가 더 중요하다."

하루는 한 고등학생 여자아이가 이대로 가면 도무지 제대로 살 수 없을 것 같다며 상담을 받아야겠다고 찾아온 적이 있습니다. 항상 열심히 하고 싶고 뭐든 잘하고 싶은 열정은 있는데 충분히 하지 못하는 자신 때문에 힘들다고 말했지요. 답답하고 불안하고 하루하루를 견디는 것이 어렵다 했습니다. 어느 선을 도저히 넘어갈 수가 없고, 그 선이 무엇인지를 도대체 모르겠답니다. 의식의 차원에서는 정말 열심히 잘하고 싶은데, 무엇인가 생각처럼 움직여지지 않는다는 것이죠. 내가 나를 어쩔 수가 없다며 고통스러워하던 모습이 떠오릅니다.

여학생이 그토록 힘겨워 하는 데는 엄마의 태도에 원인이 있었습니다. 가정에서 드러나게 억압하거나 강제하는 일도 없고 대부분은 자율적으로 맡겨 놓는 분위기인데, 왜 여학생은 답답하고 숨이 막혔을까요? 여학생의 엄마는 모든 것을 열어 놓는 듯 말했지만, 대체적으로 모호한 표현을 쓰는 특징이 있었지요. 모호하다는 것은 엄마 자신의 욕구나 욕망을 뚜렷하게 드러내거나 표현하지 않는다는 뜻입니다. 그런 상황에서 여학생이 열려 있는 느낌을 받지 못하는 것은 가령 "넌 그걸 하고 싶니? 꼭 해야겠으면 해", "네가 원하면 해, 근데 그걸 진짜 원하기는 해?"와 같은 엄마의 말투 때문이었지요.

어느 날은 아이가 엄마에게 물었다고 합니다.

"그래서 엄마는 나한테 원하는 게 뭐야? 정확히 그걸 말해!"
"난 그저 네가 잘됐으면 좋겠어. 그게 전부야."

이보다 더 모호한 표현이 있을까요? 아이에게는 잘된다는 의미가 지극히 막연할 뿐입니다. '어느 대학을 갔으면 좋겠다'도 아니고, '남들이 하는 만큼만 하라'고 하니, 무엇을 해도 어느 선까지 가서 닿아야 하는지 혼란스러울 뿐이지요. 이것은 하나의 작은 사례일 뿐입니다. 생활 전반에서 엄마는 대체로 이처럼 모호한 표현으로 아이를 혼란스럽게 했습니다. 여학생의 이야기를 잠잠히 듣다가 이렇게 반문했지요.

"엄마는 스스로 무엇을 원하는지 알고 계시는 것 같아?"

아이의 침묵이 꽤 이어졌습니다.

"아, 엄마도 모르면서…."

엄마 자신도 모르는 엄마의 욕망을 딸아이가 좇으려 하니 그야말로 답답하고 숨이 막힐 수밖에 없지요. 혼돈 그 자체입니다. 무언가 좇는데 뭘 좇고 있는지를 모른 채, 계속 좇아서 잘되어야 한다고 요구만 받고 있는 상황인 것이지요.

엄마가 자신의 욕망과 기준을 뚜렷이 제시해야 한다는 말이 아닙니다. 엄마 본인도 스스로가 무엇을 좇고 있는지도 모를 그것을 아이에게 요구하는 것이 문제라는 의미지요. 엄마가 자신의 욕망을 스스로가 좇아야 하는데, 본인도 정확히 무엇을 욕망하는지도 모른 채 그것을 아이가 성취하도록 요구하는 것은 아이를 심리적으로 위험하게 할 수 있습니다.

아이의 욕망, 부모의 욕망

이번엔 반대의 경우를 한번 봅시다. 학문적으로 꽤 저명한 스승 밑에서 수학한 제자가 어느 날 스승의 곁을 떠났습니다. 스승은 그 분야에서 꽤 역량 있는 사람이었으나, 그런 자신에게 매우 도취되어 있는 사람이기도 했지요. 그런데 제자는 스승의 수하에 있는 동안 한가지 의문에 시달렸다고 합니다. '내가 하고 있는 말이 정말 내가 원해서 하는 말일까?' 하는 의문이었지요. 가령 선생님 앞에 서면 마음속에서 우러나오는 순수한 의견과 질문을 자유롭게 말하는 것이 아니라, 자신도 모르게 선생님이 원할 만한 답을 찾아서 이야기하고 있는 것을 발견했기 때문입니다.

더 나아가서 그 제자는 선생님 앞에서 "제 역량은 늘 턱없이 부족합니다. 선생님께서 하신다면 결과는 다를 것 같습니다"라고 그 선생님의 무의식적인 욕망, 그러니까 오직 자신만이 유일하다는 스승의 나르시시즘적 욕망을 충족시켜 주는 말을 내뱉고 있었지요. 급기야 그런 말들을 내뱉는 자신을 이질적으로 느끼며 갑자기 입이 닫혀 말문이 막힌다거나 선생님을 과도하게 회피하는 식의 심리적 증상을 나타내기에 이르렀지요.

제자의 입은 스승의 욕망에 반응하는 입에 불과했습니다. 의식적인 차원에서는 스승에게 순응하는 행동을 하지만, 무의식적인 차원에서 알고 있는 부조리에 대한 저항은 출구를 제대로 찾지 못하고 증상적인 방식으로 드러났지요. 선생님은 오직 자신만이 유일하다는 욕망에 사로잡혀 있고, 제자는 그 욕망에 응답하는 방식으로 스스로를 위치시키며 결국에는 자기 자신을 송두리째 부정하는 사람이 되어 있었습니다.

이처럼 부모의 욕망에 반응하는 방식으로 자신의 욕망을 좇아온 우리는 자신이 향하고 있는 사람, 좋아하는 사람, 권위자가 욕망하는 대상에 반응하는 방식으로 자신을 만들어 갑니다. 그러고는 알 수 없는 내적 갈등과 죄책감, 혼란, 소외를 겪으며 심리적 고통을 경험합니다. 왜냐하면 진정한 자기 욕망을 좇고 있는 것이 아니기에 고통과 혼란을 겪는 것이지요. 애초에 아이는 엄마의 모든 것이 되고 싶기에 나타나는 현상입니다. 사람은 타인이 욕망하는 것을 좇는 존재이지요. 가정에서도 권력을 가진 영악하고 영리한 사람들은 자신에게 향하는 자녀나 형제, 자매들을 어떻게 이용하는지 잘 알고 있습니다.

자크 라캉의 말대로 '모든 욕망은 타인의 욕망'인 걸까요? 스스로의 욕망을 발화하고 좇기 위해서는 우리 안에 있는 타인의 욕망을 알아차리고 분별하며, 그것을 좀 더 건강한 방법으로 분리해 나가야 합니다.

엄마의 태도가 아이의 삶을 만든다

엄마가 헌신적으로 열심히 사는 것이 중요한 것이 아닙니다. 엄마가 진정으로 자신의 삶을 얼마나 욕망하고 집중하느냐가 중요하지요. 자신의 삶을 이해하고 그것을 애도하고 수용하기 위해, 또 실현하기 위해 욕망을 발화하지 않는다면, 아이 또한 진정한 자신의 욕망을 찾기 위한 열망을 이어 나가지 못하고 주어진 삶 안에 갇히고 맙니다. 또한 자신이 아닌 타인의 삶을 좇거나 따라가다가 길을 잃습니다. 아이는 엄마의 시선이 향하는 그곳을 함께 욕망하고, 엄마가 좇는 그 무엇이 되고 싶기 때문이지요.

더 이상 외부에서 원인을 찾고 탓으로 돌리는 것은 무의미합니다. 자녀를 자신의 욕망의 대상으로 삼는 것은 더욱 위험합니다. 스스로의 삶을 욕망의 대상으로 삼는 엄마가 되어야 합니다. 즉, 자신의 삶에 집중하고 자신의 삶 자체를 욕망해야 하지요. 그러나 자기 계발을 하고 능력을 배양하라는 말은 아닙니다. 물론 그것들도 한 부분을 메울 수는 있겠지만, 내가 좇는 삶이 무엇을 향하고 있는지 고민하고 나라는 사람이 어떤 사람인지를 더 궁금해하고 공부해야 합니다.

어떤 공부든 상관없습니다. 무엇인가를 꾸준히 집요하게 반복적으로 지속해 나가면, 반드시 어떤 지점에서 통찰이 일어납니다. 타인 혹은 전문가가 주는 솔루션이 아니라 자신만의 경로를 발굴하고 만들어 갈 수 있지요. 꼬리에 꼬리를 물 듯이 내가 찾고 좇는 길은 새로운 다른 길을 또 열어 줄 것입니다. 아이는 엄마가 내놓는 정답이 아니라 엄마가 삶을 대하는 태도를 체화하는 법입니다.

아이를 제대로
바라봐 줘야 하는 이유

"사실 타인의 시선은
타인의 눈을 통해서 보는
나의 시선이다."

많은 전문가들이 "타인의 시선에서 벗어나세요"라고 말합니다. 누군들 벗어나고 싶지 않아서 이러고 있을까 싶지요. 말이 쉽지, 그래서 뭘 어떻게 벗어나라는 건지 답답하기만 합니다. 아무리 의식적으로 타인을 신경 쓰지 않으려고 노력해도, 순간은 괜찮을지 모르나 마치 오뚝이처럼 제자리로 돌아가 주변을 신경 쓰며 안달하고 있는 나를 발견하게 됩니다.

사실 타인의 시선은 타인의 눈을 통해서 보는 나의 시선이라 할 수 있습니다. 엄밀히 말해, 타인에게 나의 시선을 투영하는 것이지요. 정작 타인은 나를 어떻게 볼지 알 수 없습니다. 단지 내가 생각하기에 '이렇게 보일까 봐'의 의미가 더 큽니다. 그리고 그 시선에는 나 자신의 기준과 판단, 가치, 편견, 선입견이 투영되어 있는 것이지요.

식당에서 혼자 밥을 먹으며 타인을 의식한다고 합시다. 이때 혼자 먹는 사람에 대한 나의 인식이 어떤지를 생각해 보면, 초라해 보인다거나, 친구가 없는 지질한 사람으로 보인다거나, 사람들이 쳐다볼 것 같다든가 한다면, 이것들은 모두 나의 내면에 있는 시선입니다. 그렇다면 타인의 시선이 아니라 나의 시선에 갇혀 있다고 말하는 것이 더 정확하지요. 자신 안에 갇혀 있는 것입니다.

물론 사회적으로나 문화적으로 암묵적인 선입견, 가치, 편견이 분명히 존재하고, 그것에서 자유로울 수 있는 사람 또한 극히 드문 것도 사실입니다. 하지만 세상이 그러니까, 남들이 다 그러니까 어쩔 수 없다고 말하는 것은 나의 내면을 세심히 살피지 않고 원인을 외부에서 찾으려는 꽤 편리한 시도이지요. 우리는 조금 불편해도 내가 갖고 있는 시선과 그 시선의 주인이 누구인지를 의심하고 의문해야 합니다.

엄마의 시선은 거울이다

나의 시선은 어떻게 형성되고 발화할까요? 인간은 처음부터 고유한 자신의 시선을 갖고 있지 않습니다. 자크 라캉의 거울 단계 이론을 보면, 생후 6개월에서 8개월의 유아는 거울에 비친 자신의 모습을 지각하고 환호성을 지르며 반응하고 좋아합니다.

이런 반응은 아이가 최초에는 거울이라는 매체, 즉 타자를 통한다는 것을 의미합니다. 그 거울은 곧 엄마의 눈, 즉 주요 양육자의 시선이기도 합니다. 아이는 엄마의 시선을 통해서만 자신을 경험할 수 있는 것입니다. 그러니까 아이의 자아는 애초에 형성되어 있지 않으며, 그 시선 또한 내부가 아닌 외부의 시선을 반영함으로써 만들어진다는 말입니다. 엄마가 아이와 함께 거울을 보며 아이를 확인하고 인정해 주는 몸짓이나 표정 등을 보이면, 아이는 안정과 신뢰를 경험하게 되지요.

정신 분석학자인 도날드 위니캇도 같은 이야기를 했습니다. 아이에게 시선을 집중하고 깊은 유대를 맺는 엄마는 아이의 감정과 상태를 엄마 자신의 얼굴에 반영하기에 엄마의 얼굴을 통해 아이는 자신을 확인합니다. 엄마의 시선이 거울이 되는 것이지요. 엄마가 자신의 상태에 압도당해 있거나, 속된 말로 유체 이탈한 상태에서 아이를 본다면, 아이는 엄마의 시선에서 소외됩니다. 이때 근본적인 자기 소외가 일어나며, 시시때때로 변하는 타인의 시선에 따라 자신의 상태도 흔들리게 되지요.

아이가 엄마의 시선을 통해 있는 그대로의 자신을 반영받지 못하면, 아이는 근본적인 소외와 존재에 대한 불안에 휩싸이게 됩니다. 그래서 타인의 시선이나 평가에 지나치게 민감하게 되고, 부정적인 평가나 피드백을 받는 것을 극도로 싫어하고 두려워하게 되지요. 안정적인 시선의 반영이 없었기 때문이지요.

간혹 상담에 몰입해 있다 보면, 내담자가 상담자인 저의 표정을 통해 지금 자신의 상태가 어떤지 알아차릴 수 있겠다고 말하는 경우가 있습니다. 스스로 어떤 감정인지, 상태인지는 모르겠지만, 상담자의 표정 변화에서 자신이 지금 어떤 상태인지를 알겠다는 것이지요. 그들은 왜 자신의 감정과 상태를 말하면서도 이를 바로 접촉하거나 알아차리지 못하게 되었을까요?

저의 이전 공저 책《초등 자존감의 힘》에 알몸 사진을 주고받은 것을 엄마에게 들킨 어린 여자아이의 사례가 있습니다. 은밀하게 채팅에 휘말려 멋모르고 알몸 사진을 주고받은 초등 여자아이들이 생각보다 꽤 많습니다. 그것이 드러난 뒤 두 명의 엄마 반응이 매우 상반되었습니다. 한 엄마는 아이를 다그치고 세상 무너지는 듯한 반응을 보였고, 또 다른 엄마는 꽤 의연하게 대처했습니다. 경찰에 알려 성인이 개입되지 않았는지 의뢰했고, 안으로는 그것을 계기로 새롭게 부부의 문제를 탐색하기 시작했지요.

두 번째 엄마의 딸아이가 자신의 행위가 드러난 후 울면서 한 첫마디가 "엄마, 아빠가 나를 어떻게 볼까 너무 무서워"였답니다. 지금껏 사랑스러운 딸로 보아 왔는데 '나를 이상하고 불쾌한 아이라고 보지 않을까, 나를 혐오스럽게 보지 않을까, 그래서 나를 더 이상 사랑하지 않는 건 아닐까?'에 대한 불안함이지요. 내 행위 자체보다도 그 행위 때문에 누군가가 나를 어떻게 판단할까, 그 판단에 따라 나를 수용하거나 내치지 않을까에 대한 원초적인 불안인 것이죠.

그럼에도 불구하고 나를 여전히 예뻐하고 사랑해 주는 것을 확인할 때, 아이는 그 시선에서 벗어나 안전감과 신뢰감을 획득할 수 있습니다. 이 엄마는 아이에게 해서는 안 될 일을 단호하게 이야기하고 무섭게 혼냈지만, 그간 아이를 외롭게 하거나 미처 챙기지 못한 부분에 대한 미안함도 아이와 함께 진지하게 이야기를 나누었다고 합니다. 그 일에 대한 책임은 부모인 엄마 자신에게 있다고 말한 것이지요. 일어난 일에 대한 책임은 부모인 자신들에게 우선적으로 있으며, 아직 자신을 스스로 온전히 보호할 수 없는 아이의 현실적인 처지에 대해 주지시키고 조심해야 할 것들에 대해 구체적으로 설명해 주었지요.

무척이나 현명한 대처였다고 생각합니다. 아이는 무섭게 혼나는 과정에서조차 어떤 비난도 경험하지 않았습니다. 행위의 위험성을 무섭게 혼내며 알려는 주되, 아이의 정서까지 다치게 하지는 않은 것이지요.

자신은 지옥이다

아이는 어른의 적절한 개입과 보호가 이루어지지 않으면, 자신의 감정과 욕망을 즉각적으로 충족하려는 원시적 쾌락 원리에 지배당하기 쉽습니다. 아이뿐만 아니라 어른도 마찬가지입니다. 우리는 그런 상태를 받아들이거나 의식하지 못한 채 끊임없이 나를 바라봐 줄 외부의 시선을 좇으며 자신의 삶을 슬프게도, 불행하게도 하지요.

따라서 내가 나의 시선에서 자유로워지기 위해서는 우선 내 시선이 누구의 평가와 가치, 판단으로 얼룩져 있는지를 탐색하는 노력이 필요합니다. 누군가를 통해서 나와 접촉하는 것이 아니라 온전히 내가 나에게 집중하는 시간이 필요하지요. 이러한 시간을 통해 나를 알아차리고 분별해 내며, 내가 나 자신을 어느 정도 믿게 되고 나 자신의 내용에 집중할 수 있을 때, 자연스럽게 타인의 시선에서 자유로워져 있는 나를 발견하게 됩니다. 이런 나를 발견하지 않는 이상, 아무리 좋아 보이는 솔루션과 처방들도 무의미할 뿐입니다.

사르트르는 "타인은 지옥이다"라는 말을 남겼습니다. 저는 반대로 "자신은 지옥이다"라고 말하고 싶습니다. 사르트르가 말한 타인도 결국 내가 투사한 타인이기에 같은 맥락으로 이해할 수 있지요. 우리의 의식과 무의식이 여러 현상에 사로잡혀 있을 때, 타인을 내가 생각하는 시선과 생각의 틀로 이해하고, 더 나아가 타인과 나의 경계가 없이 동일화를 겪으면서 심리적 혼란과 지옥을 경험하게 됩니다.

내 안에서 나를 바라보고 있는 시선은 누구의 것일까요? 우리는 타인을 타인으로 볼 수 있고, 나를 나로 지킬 수 있을 때에 건강한 삶을 살 수 있습니다.

엄마보다 행복하지 않으려 애쓰는 딸들

"상처를 알아차리는 것만으로도
나에게 소중한 상대를
있는 그대로 받아들일 수 있게 된다."

30대 초반의 한 여성과 1년 정도 정신 분석 상담을 진행했습니다. 그녀는 직장 생활을 하면서 표면상으로는 원만하게 지내는 것처럼 보이지만, 내적인 상태는 무겁고 안개 속 같은 느낌만 지속된다고 표현했습니다. 고립을 좋아하는데 막상 고립이 길어지면 두렵고, 두려움에서 벗어나기 위해 사람들 속으로 들어가면 또 불편해지는 것을 반복적으로 경험하고 있었지요.

사실 저는 그녀와 대화하는 동안 한순간도 지루한 적이 없었습니다. 그녀는 늘 '무슨 말을 해야 할까, 별로 떠오르는 것도, 할 말도 없는데…'라고 생각하며 쭈뼛거리며 상담실을 찾았지만, 상담실에서 대화가 시작되면 오히려 이야기는 흥미진진함으로 가득했습니다. 상담자인 저는 그렇게 그녀와의 만남을 생생하고 재미있게 경험하고 있는데, 그녀는 뭔가에 부담을 느끼는 사람처럼 보였습니다. 스스로가 무엇인가를 해내서 보여 주어야 하고, 빨리 변화한 모습을 보여 주어야 한다는 압박감을 갖고 있는 듯했지요.

그러던 어느 날, "아무것도 변하지 않아도 괜찮습니다. 변화는 언제, 어떤 모습으로 일어날지 알 수 없으니까요. 지금 아무런 일이 일어나지 않아도 저는 괜찮습니다. 할 말이 없으면 안 해도 됩니다. 아무런 생각이 들지 않으면 좀 어떻습니까? 그냥 이렇게 만나서 함께 앉아만 있어도 괜찮습니다. 생각하는 변화가 없다고 느끼는데도 이렇게 지속적으로 우리가 만날 수 있다면 그것만으로도 저는 얼마나 고마운지 모르겠습니다"라고 말했고, 그녀는 울기 시작했습니다.

왜 눈물이 나는지는 잘 모르겠지만, 그냥 "괜찮다"라는 말이 마음 속 무언가를 쓸어내리는 것 같다고 말했습니다. 그녀는 상담실에서 상담자와 마주하면서 상담자를 만족시켜야 한다는 내적 압력을 받고 있었던 것으로 보입니다. 그녀는 항상 무언가 강력한 내면의 요구에 묶여 있었습니다. 늘 상대방을 먼저 고려하다 보니 자신의 상태는 돌아볼 수가 없고 상대를 충분히 만족시킬 수 없는 언어들을 내뱉을 바에야 그냥 조용히 침묵을 지키는 방향으로 모든 관계와 사회생활에 적응해 온 것입니다.

죄책감의 정체

그녀는 알 수 없는 죄책감에 시달리며 자신을 강력한 통제 아래 가두고 있었습니다. 이야기를 풀어 나가면서 그녀는 내면의 목소리가 있다는 것을 알게 되었지요. 의식이 발달하기 시작하면서부터 엄마에게 들어 왔던 말과 엄마의 태도가 영향을 주었다고 했습니다. 엄마는 딸인 그녀가 보기에 매우 불행한 삶을 사는 분이었고, 일생 아버지와 소통이 되지 않은 채로 고립적으로 살아온 분이었지요. 그런 엄마는 그녀가 무엇인가를 하려고 하거나 삶의 변화를 주려고 하면, "그냥 있어, 뭘 자꾸 하려고 해, 그냥 가만히 잘 있다가 시집가면 되지"라고 말씀하셨습니다. 이 때문에 그녀의 마음 안에 어마하게 큰 통제의 선이 그어졌고, 어떤 이야기를 해도 엄마는 그것을 '꺾으려는 듯한' 반응을 보였다고 합니다.

엄마의 알 수 없는 금지와 통제에도 불구하고 좀 더 좋은 직장을 구하고 남자 친구도 생겼습니다. 그런데 이번에는 정체를 알 수 없는 죄책감에 시달렸습니다. 엄마와 소통할 수 있는 사람은 자신밖에 없는데 그런 자신이 효도를 충분히 하지 못하는 것 같아서 죄책감을 느끼나 싶었지만, 석연치가 않았답니다.

몇 달간 상담을 지속해 가면서, 그녀가 지속적으로 느끼고 있는 죄책감은 효도에 대한 것이 아니라 엄마보다 더 행복한 자신의 상태에 대한 것임을 알게 되었지요. 그 행복은 엄마에게는 허락되지 않은, 엄마는 가늠할 수조차 없었던 만족의 상태였습니다. 조금씩 자신의 삶을 찾아가고 확장해 나갈수록 그녀 안에 있는 죄책감은 더 커졌고, 그것에 눌려 대인 관계조차 이어 나갈 수 없을 것 같은 생각이 들자 상담실을 찾았던 거지요.

엄마가 딸에게 한 '꺾는 행위'와 '아무것도 하지 말라는 말'은 대부분 그녀가 엄마를 두고 자신의 삶 안으로 성큼 걸어 들어가려는 지점, 그녀가 엄마와는 다른 여성으로서의 삶을 확장해 나가고자 하는 지점마다 일어났습니다. 그녀는 독립을 했고 엄마와 자주 만나지도 않았지만, 이미 그녀 안에 있는 엄마의 목소리는 그녀를 옴짝달싹하지 못하게 할 만큼 지배적이었지요. 그리고 그녀의 마음 안에 살아서 움직이는 엄마의 목소리와 내면에서 올라오는 자신의 목소리를 구분할 수 없게 되었을 때 심한 혼란과 갈등을 경험했습니다.

엄마의 목소리는 그녀가 엄마의 삶 이상으로 더 나아가지 못하도록 자꾸만 가로막았고, 그 경계를 넘어갈 때마다 그녀는 죄책감에 시달렸습니다. 그리고 어떤 작은 선택이나 결정도 스스로 하기에 앞서 허락을 받아야 할 것 같은 초조함이 있었지요. 엄마가 어떤 말이나 태도를 보일 것을 이미 잘 알면서도, 혼자서 결정하고 선택하는 것에 죄책감을 느꼈습니다. 엄마에게 살가운 딸이 되지 못해서 느끼는 불편함인가 하고 모든 것을 자신의 탓이라 여겼지만, 실은 자신이 더 행복해지는 것에 대한 죄책감이었지요. 그렇다 보니 엄마와 통화하는 것이 점점 불편해지고 두려워지기까지 했습니다. 이 상태에서 더 나아가면 그녀는 엄마를 영영 떠나 버릴지도 모를 일이었지요.

알아차리기만 해도 치유된다

그녀는 엄마가 의식하지 못한 사이에 딸인 자신이 엄마의 불행한 삶 이상으로 나아가지 못하도록 붙들고 있다는 것을 알아차린 순간, 아이러니하게도 엄마에게 분노를 느끼지 않게 되었습니다. 오히려 놀라울 만큼 편안해졌지요. 그간 모든 것이 불편하고 불안했던 것은 안개 속처럼 무지 상태였기 때문이었습니다. 엄마를 좀 더 선명하게 알아차리고 엄마의 상태에 반응하는 자신의 상태가 명료해지면서 불안도 사라졌습니다.

정체를 알 수 없는 불안에 압도당할 때 가장 두렵습니다. 그녀는 "나에게 가장 중요하고 소중한 대상이었던 엄마가 좋은 엄마가 아니어도, 엄마가 어떤 상태로 나를 대하고 있었는지를 알아차린 것만으로도, 그런 엄마를 그냥 받아들일 수 있을 것 같아요"라고 말했지요. 그것은 이제야 자신을 어떻게 지켜 내야 하는지, 어떤 것을 경계하고 분별해야 하는지를 알아차렸기 때문입니다.

놀랍게도 그녀는 엄마에게서 자유로워졌고, 오히려 나약한 엄마를 받아들이는 모습을 보였습니다. 엄마를 원망하고 분노할 만도 한데, 자신을 짓누르던 것들에서 놓여난 것만으로도 숨이 쉬어지고, 죄책감을 걷어 낸 것만으로도 하루의 삶이 날아오를 듯이 가볍다고 말했지요.

우리는 여러 가지 감정에 시달릴 때 불안하고 고통스러워집니다. 하지만 설령 우리에게 고통이 주어지더라도 그 고통에 대해 나의 의식과 무의식적 지식이 일치하고 납득할 수 있을 때, 우리는 선뜻 그것을 수용할 수 있게 되지요. 알아차리는 것만으로, 굳이 용서하지 않아도, 나에게 소중한 상대를 있는 그대로 받아들일 수 있게 됩니다. 그래서 우리를 단단히 옭아매고 있는 목소리의 정체를, 타자의 정체를 알아차리는 것이 무엇보다 중요합니다.

자신을 스스로 낮추는 여인들

실제로 자신이 가진 역량과 자원에도 불구하고 삶을 매우 고통스럽거나 빈곤한 상태로 몰아넣는 여성을 만날 때가 있습니다. 자신은 왜 이토록 삶이 고단하고 힘들어야 하는지 슬퍼하고 억울해하지만, 잘 들어 보면 스스로 자신의 역량을 꽃피우지 않기 위해 안간힘을 다하고 있는 것을 알 수 있습니다. 말하자면, 계속 일이 잘 안 풀려서 힘든 상황에 처한 것이 고통스러운 것이 아니라 그 안 풀리는 상태를 유지하고 반복하려니 힘들어 보인다는 것이지요. 선뜻 납득이 되지 않겠지만, 이런 현상의 이면에는 여러 가지 역동이 존재합니다.

앞서 얘기한 것처럼, 엄마보다 행복해지지 않기 위해 자신의 성취나 행복을 무의식적으로 깎아내리는 딸도 있고, 앞가림을 제대로 못하는 남편을 넘어서지 않으려고 자기 역량을 남편이 가진 역량 아래로 깎아내려 굳이 힘든 삶을 사는 여성도 있습니다.

특히 후자는 남편의 기를 살려 주기 위해서가 아니라, 남편보다 더 나약하고 약자의 위치에 있어야 남편이 자신을 보호할 수 있다고 믿는 무의식적인 기제 때문입니다. 보호받는 존재로 있어야 사랑받음으로 느끼기 때문이지요. 물론 낮은 자존감이 문제인 경우도 있지만, 대부분은 연인이나 배우자가 관계에서 주도적인 역할을 하고 그 책임과 권력을 유지하게 하기 위해, 그래서 그가 온전히 자신을 책임지고 보호하는 위치에 서게 하기 위한 경우입니다.

그래서 그녀들이 자신을 연민하고 힘겨움을 이야기하며 서럽게 울 때, 함께 울 수가 없습니다. 그녀들의 눈물에 공감하고 지지하고 힘내라며 입에 발린 위로를 보낼 수가 없지요. 자신을 가로막고 있는 것은 현실과 상황, 배우자가 아니라 그녀 자신이기 때문입니다. 오히려 그녀들 방식으로 뜨겁게 사랑하고 있다고밖에는 말할 수 없습니다. 안타까운 순간이지요.

그렇게 자신을 깎아내리지 않아도, 그렇게 자신을 죽이지 않아도 충분히 사랑할 수 있는데, 내가 나를 사랑할 수 있다면 그것으로 충분히 만족스러운 삶을 살 수 있는데, 안타깝게도 그녀들은 보호받아야만 행복해질 수 있다고 느낍니다. 행복한 여성의 이미지가 다소 가부장적인 이미지에 매몰되어 있기 때문입니다. 어린 소녀의 아우성이고, 어린 소녀의 환상 속 사랑일 뿐입니다. 우리는 타인에게, 대상에게 보호받지 않아도 스스로 충분히 만족스러운 삶을 살 수 있다는 것을 믿어야 합니다.

감정은
죄가 없다

"아이가 부정적인 감정을 느끼고 있다면
엄마의 반응은
'네 감정은 그렇구나'가 끝이다."

"이건 정말 유치한 생각인데요", "좀 바보 같지만…", "그러면 안 된다는 걸 아는데…" 등등 우리가 사용하는 말과 그 말에 깊숙이 스며 있는 태도에는 사실 어마어마한 판단과 평가가 들어 있습니다. 그 많은 평가와 가치 판단은 어디에서 왔을까요? 지금까지 어떤 행동을 해도, 어떤 말을 뱉어도 단죄되지 않고 무조건으로 수용된 경험이 있었나요?

살아가면서 1차적으로는 물리적인 안전을 확보하는 것이 중요하겠지만, 물리적인 안전을 넘어서 심리적인 안전을 경험한 적이 있는지 한번쯤 생각해 보면 좋겠습니다. 달리 말하면, 무슨 이야기를 해도, 어떤 행동을 해도 판단받지 않고 가치 평가가 개입되지 않는 태도로 수용받은 경험이 있는지 묻고 싶습니다. 혹은 그런 태도로 누군가를 대해 본 적이 있었나요?

상담실에서 마주하는 많은 사람은 대화하면서 상담자의 어떤 개입이 없는 상태에서도 끊임없이 자신을 스스로 평가하고 판단합니다. 가정에서, 또 사회에서 부여받은 그 무수한 평가와 판단에서 벗어나 오직 안전한 관계 안으로 들어가는 것을 경험해 본 일이 있었을까요? 없었다면, 그것이 의미하는 바는 결코 가볍지 않습니다.

우리의 부모님, 그리고 우리 자신조차 의식하지도 못한 사이에 얼마나 많은 판단과 평가의 언어로 아이의 사고 구조를 결정지었고, 여전히 결정짓고 있을까요? 민감하고 예민한 사람은 상대가 조금이라도 자신을 평가하거나 판단하는 듯하는 말을 하면, 마음을 바로 닫아 버립니다. 이런 식으로 구조가 결정된 사고방식은 '좋고 나쁨', '옳고 그름' 등의 이분법적인 세계로 나뉘어져서 끝없이 자신을 공격합니다.

종교 지도자 중에는 불온한 생각을 한 것만으로도 죄를 지은 것이라고 가르치기도 합니다. 어린아이들이 무서운 상상을 하는 것만으로도 자신을 부적절하고 나쁜 사람이라고 단정 짓도록 만들지요. 하지만 생각은 생각일 뿐이고, 느낌은 느낌일 뿐입니다. 어떤 생각과 느낌을 가졌다고 내가 그런 사람이 되는 것은 아니지요.

생각과 사실은 엄연히 다른 차원의 이야기입니다. 우선은 그것이 다른 현실이라는 것을 믿을 수 있어야 합니다. 그런데도 부정적인 생각 자체가 올라오는 것만으로 자신을 숨 막히게 억압하다 보면 여러 가지 신체적, 정신적 증상이 나타납니다. 또한 언제고 잘못하면 버려질지도 모르는, 내가 잘하지 못하면 사랑받지 못할 수도 있다는 공포와 두려움은 권력적인 인간이 되게 하고, 그 권력의 구조 안에서 자신을 고통스럽게 만들지요.

아이의 감정을 평가하지 않기

몇 년 전에 초등학교 고학년 여자아이가 시를 써서 크게 화제가 된 일이 있었습니다. 저 또한 어린 여학생의 필력이 대단하다 생각했고, 그 상상력은 도발적이고 흥미진진했지요. 내용이 정확히 기억나지는 않지만, 엄마를 잡아먹고 갈아 먹고, 뭐 이런 무시무시한 이야기였지요. 엄마들이 난리가 났습니다. 아이가 어떻게 저런 무서운 생각을 할 수가 있으며, 그걸 시로 옮겨 적는 것은 분명 엄마와 심각한 문제가 있을 것이다, 또 아이에게도 심리적인 문제가 크게 있다는 것이죠.

그 시를 보면서 저는 이 아이가 정말 특별하고 기발한 창의력을 가진 사람으로 자라겠구나, 생각했습니다. 오히려 말하지 못하는 것이 문제가 될 수는 있어도, 그렇게 자유롭게 자신 안에서 일어나는 무시무시한 상상을 글로, 그것도 시로 이야기할 수 있는 아이는 문제가 없습니다. 필시, 그런 시를 쓸 수 있는 아이의 엄마는 그 시를 보며 충격을 받기보다 흥미로워하지 않았을까요? 저라면 씩 웃으며 '어쭈 요것 봐라' 하고 즐거워했을 듯합니다. 다음에는 어떤 생각과 상상으로 나를 기함하게 할까, 기대도 할 듯합니다.

상상은 그 어떤 것도 가능해야 합니다. 그것에는 어떤 도덕도 윤리도 개입되지 않아야 합니다. 우리가 밤사이에 꾸는 꿈을 생각해 보세요. 엄청나게 끔찍한 일들이 머릿속에서 벌어져도 그 사람이 나쁜 짓을 하게 될지 누구 하나 걱정하지 않지요. 상담실로 달려온 엄마 중에 "선생님, 우리 아이가 엄마를 이렇게 표현했어요. 이건 정말 큰일 아닌가요? 애가 잘못되면 어쩌지요? 정말 무서워요"라고 말하기도 합니다. 사실 그럴 땐 "어머니가 더 무서워요"라고 말하고 싶지만 그냥 깔깔 웃고 맙니다.

좋은 것만 보고 좋은 말만 하는 맑고 예쁜 아이로 키우고 싶은 엄마의 마음은 충분히 납득할 수 있습니다. 하지만 부정적이거나 나쁜 것이 있어서는 안 된다는 엄마의 태도가 아이에게는 부적절한 죄책감과 죄의식을 심어 줄 수 있습니다. 행동은 규제하지만, 감정과 생각은 무제한으로 뻗어 나가도록 허용하고 지켜보면 좋겠습니다. 감정에는 좋고 나쁨, 옳고 그름이 있을 수 없습니다. 감정과 느낌은 지극히 주관적이고 감각적인 것이지, 그것에 판단과 평가, 가치가 들어가야 할 아무런 이유가 없지요.

엄마가 보기에 아이가 왜곡되거나 부정적인 감정을 느끼거나 생각하고 있다면, "네 생각과 감정은 그렇구나…"가 끝이어야 합니다. 그 생각에 가치와 평가가 들어가는 순간부터 아이는 누구보다 자기 자신을 있는 그대로 수용하기 어려워집니다. 나 자신을 수용하지 못한다는 것은 타인을 수용하지 못한다는 말과 같지요. 나를 적절한 감각으로 수용하지 못하는 사람이 타인을 있는 그대로 바라보거나 수용하는 일은 불가능에 가깝다고 해도 과언이 아닙니다.

누굴 위해서 밝고 긍정적이어야 하나?

간혹, 인터넷이나 서점에서 발견하는 심리학 관련 책 중에는 꽤 불편한 제목이 여럿 있습니다. 아이를 밝고 긍정적으로 만들어 준다는 솔루션들입니다. 좀 더 솔직히 말하면, 상업적인 그들의 솔루션이 불편하게 느껴집니다. 물론 전문가가 전문적인 솔루션을 제시하는 것에는 경제성이 필수로 따라야 하지만, 손쉬운 해결 방법을 제시할 테니 보아 달라는 현혹으로 느껴지기 때문이기도 하지요. 어떤 기능적 접근과 방법으로 그게 가능한지도 의문입니다. 밝고 긍정적이어서 나쁠 사람은 없지만, 그렇지 않으면 문제가 되거나 나쁘다는 생각은 우리의 관념일 뿐입니다.

심리학회에서 유행하는 성격유형검사(MBTI)를 연구한 자료를 보면, 한국인은 서양인에 비해 대체로 내향적인 사람이 많습니다. 무려 전체의 70% 이상을 차지할 정도로 압도적으로 내향형이 많은데 현실에서는 외향적인 아이를 만들기 위한 교육에 열을 올린다는 것은 어쩌면 웃픈 일이지요. 상담실을 찾는 여대생이나 젊은 직장인 여성 중에도 소극적이고 내성적인 자신의 성격을 바꾸고 싶다며 찾아오는 경우가 있습니다. 다른 사람 앞에서 수줍어하고 그럴듯하게 말을 하지 못하는 자신의 모습이 너무 싫다는 것입니다.

저는 그녀를 결코 바꾸거나 변화시키려는 노력은 하지 않습니다. 그것이 정말 그녀를 위하는 것인지를 먼저 의문합니다. 그녀들은 스스로가 가진 특성과 특질을 세심하게 느끼고, 그것이 가지는 특성을 즐기는 법을 전혀 터득하지 못했어요. 사람들이 가지는 보편적인 이미지와 평가로 뭉뚱그려서 자신을 이해하는 것이지요. 그리고 그렇게 소극적이고 내성적인 자신을 그 자체만으로도 충분하다며 지극히 사랑스럽게 보아주는 시선을 경험하지 못했을 뿐입니다.

남 앞에 나서지 못하고 소극적이어도, 대중 속에서 조용히 있는 듯 없는 듯 있는 자신의 모습을 좋아하는 사람도 있습니다. 좀 어두우면 어떤가요? 그런 자신을 불편하고 고통스럽게 바라보지 않는다면 괜찮습니다. 어두워도, 소극적이어도, 그런 내 모습이 싫지만 않으면 됩니다.

3장

나도 엄마의
사랑스러운
딸이고 싶었다

엄마의 결핍에 대하여

도망가고 싶을 때
불안을 끌어들인다

> "우리는 자신의 삶과
> 적극적으로 접촉하지 못하게 하는 방어 전략으로
> 자신의 상처, 고통, 불행을 사용하기도 한다."

딸아이가 초등 3학년 때 전학을 했습니다. 저학년이었는데도 여학생끼리 관계 갈등과 신경전이 꽤 있었던 터라 새로운 학교에, 그것도 도중에 합류하는 상황에 극도의 불안과 긴장을 보였지요. 전학하고 한 달 동안 아침마다 구토 증상을 보여 아이 아빠와 엄마인 저는 아이에게 집중하며 함께 견디고 겪어 내기 위해 온힘을 소진했던 기억이 있습니다. 그런 불안에도 불구하고, 딸아이는 생각 외로 새로운 친구들과 잘 어울렸고 졸업 때는 반 아이들과 누구보다 친밀해져 있었지요.

그런데 초등학교를 졸업하고 중학교에 들어가기 전, 아이는 다시 이전의 불안과 걱정을 가져와 긴장하고 힘들어하는 모습을 보였습니다. 곁에서 그 불안을 받아 주면서도 실제로 새로운 친구들과 잘 어울려 지낸 경험을 떠올리게 하고 자신을 믿으면 된다고 다독거렸습니다. 하지만 별 위로나 안심이 되지 않는 듯했습니다. 그때 한 가지 생각이 번뜩 스치고 지나갔지요.

딸아이가 겪는 불안은 실제 경험에서 비롯한 현실적인 것이고, 새로운 환경에 잘 적응해 낸 것도 실제로 자신이 경험한 현실적인 것입니다. 그렇다면 왜 아이는 잘 이겨 낸 경험을 축적했는데도 퇴행적으로 그 이전의 경험을 소환한 것일까요? 그 불안은 현실적인 것처럼 보이지만, 사실은 아직 일어나지 않은 상상적인 불안에 해당합니다.

그 상상적인 불안을 붙들고 있는 동안, 아이는 중학교에 들어가기 위해 준비해야 하는 현실적인 과제들로부터 도망갈 수 있지요. 현재 자신에게 부과된 중학생이라는 모호한 삶의 과제들에서, 스스로 생각하기에도 공부를 해야 할 것 같기는 한데 하기는 싫은 현재 상황에서 도망가기 위한 기제로 불안을 소환한 것이기도 합니다. 그 불안은 공포와 긴장의 대가를 치르게 하지만, 삶의 과제들에서 안전하게 회피할 수 있는 알리바이를 제공하기도 하지요. 불안에 힘들어하는 아이에게 엄마, 아빠가 모두 집중해 주고 그 정서를 달래기 위해 다른 잔소리를 할 여력이 없는 것은 아이가 얻는 하나의 옵션이랄까요?

결핍을 이용하는 사람들

이것은 딸아이에게만 해당하는 일은 아닙니다. 성인인 우리에게서도, 특히 유난히 불안이 높은 사람들에게서 흔히 발견할 수 있는 현상이지요. 우리가 성장해 온 과정에는 무수한 상처들이 존재합니다. 성장 과정뿐만 아니라 삶을 유지하는 동안에도 상처는 멈춤 없이 발생하지요. 그중 어떤 상처는 트라우마로 남아서 시간이 흘러도 그것에 사로잡혀 현재의 삶으로 걸어 나오지 못하게 합니다. 상처나 트라우마는 결코 무시하거나 억압하지 않아야 하고, 적절한 방법으로 애도하여야 합니다. 하지만 상처를 지식화해서 나 자신에게 인과론적인 지식이 되어 버리면, 그 상처는 자신의 삶에 실존적인 접촉을 방해하는 도구로 활용되기도 합니다.

예를 들어, TV를 보다 보면 적지 않은 방송인이 자신이 겪은 상처나 혼란에 대해 트라우마라는 단서를 달고, "그 트라우마 때문에 내가 무엇인가를 하지 못한다", "그 트라우마가 있어서 나는 그것만은 할 수 없다"라고 이야기하는 모습을 볼 수 있지요. 그 말은 어느 정도 사실일 테지만, 거기서 끝나는 것이 아니라 좀 더 들어가 보면 앞으로 더 나아가지 않기 위한 하나의 알리바이로써 트라우마를 사용하고 있는 것은 아닌지도 생각해 보게 합니다. 상처와 고통, 불행이 나를 침범하기는 했지만, 어느 순간 내가 삶과 더 적극적으로 접촉하고

뒹굴지 못하게 하는 적절한 방어 전략으로 그것들을 사용하고 있는

것은 아닌지를 말이지요.

기억 속 상처를
치유하는 법

"행복했다고만 기억하는 것과
불행했다고만 기억하는 것은
같은 것이다."

같은 사건을 두고 엄마의 기억과 저의 기억은 달랐습니다. 하나의 일화를 두고 저와 아이의 기억도 달랐지요.

어린 시절, 엄마가 저를 외할머니 댁에 맡겨 놓은 적이 있습니다. 5살의 어린 저에게 하루는 영겁의 시간처럼 길었지요. 그런데 엄마의 기억엔 그저 잠깐 맡겨 놓은 시간에 불과했어요. 그것은 아이와 성인이 느끼는 물리적인 감각의 차이도 있겠지만, 어린 시절의 경험은 주로 그때 경험에 동반한 감정과 상태를 중심으로 기억되기가 쉽기 때문입니다.

30대 후반의 한 여성은 어린 시절 내내 엄마에게 소외되고 가족에게 배제된 감정을 경험해서 불행했다고 지각하고 있습니다. 자신을 남루한 이미지로 기억하고 있고 현재의 삶에도 영향을 주어 행복하지 않다고 원망을 하며 하루하루를 보냈답니다. 그런데 분석 중에 불현듯 친정으로 달려가 아주 어린 자신의 사진을 발견하고 놀랐다고 말했습니다. 엄마의 카메라 렌즈에 담긴 자신은 즐겁고 사랑스러운 모습이었던 것이지요. 그 사진을 처음 본 것이 아닐 텐데도 마치 처음 본 것처럼 그간 보이지 않았던 것이 보였습니다.

물론, 그 사진이 어린 여자아이의 전부를 말해 줄 수는 없습니다. 하지만 유난히 불행한 기억과 슬픈 기억을 붙드는 데는 그만한 이유가 있습니다. 부정적인 기억을 모두 없애 버리고 과도하게 행복했다고 기억을 왜곡하는 것이나, 불행한 자신의 모습만을 붙들고 있는 것이나 같은 것이지요.

영화 〈라쇼몽(1950)〉을 보면, 한 사건을 두고 진술하는 사람들의 내용이 모두 조금씩 어긋나 있는 것을 볼 수 있습니다. 주인공들은 한결같이 나에게 조금 더 유리하거나 이득을 보는 방식으로, 조금 더 나를 보호하는 방식으로 진술합니다. 우리의 기억은 이토록 취약합니다. 그리고 기억은 시간이 갈수록 감정이 덧붙여지고 그 감정에 주관적인 해석이 더해지면서 같은 상황을 두고 완전히 다른 사건처럼 각자에게 기록되기도 하지요.

아이들도 기억을 선택합니다. 다른 말로 표현하면 결핍을 기억하고 결핍을 욕망합니다. 그리고 그 선택된 기억으로 원한과 원망을 키우기도 하지요. 키워진 원망과 원한의 힘으로 살아 낼 힘을 얻기도 하고, 불행을 반복하기도 합니다. 그것이 우리의 무의식이 구성한 환상이고, 그 환상은 다시 우리의 현실을 구성합니다.

결핍과 결핍감 사이

줄리아 크리스테바는 임상 현장에서 대부분의 사람들이 '사랑의 결핍' 때문에 마음의 병을 얻는다는 결론을 얻었습니다.

한국에서 정신과 의사로 시작해 정신 분석을 공부하고 한국 전통에 통합하여 도 정신 치료를 창안한 이동식 선생은 "마음의 병은 모두 느낌의 장애다"라고 말했지요. 우리 마음의 고통과 혼란은 느낌에서 시작된다는 것이지요. 표현이 몹시 온건하다는 생각이 듭니다. 그리고 이동식 선생은 그 모든 것이 엄마에 대한 집착, 애증, 원하는 애정이 오지 않았을 때 일어나는 적개심 등에서 비롯된다고 말했습니다.

실제로 내가 사랑을 받지 못하는 것과 사랑받지 못한다고 느끼는 것은 분명한 차이가 있습니다. 아이는 끝없이 완전한 사랑과 완전한 충족을 욕구하고 요구하는데, 아무리 부어 주어도 그것은 그저 스쳐 지나가는 바람이 되기가 일쑤라는 것을 아이를 키우면서 느꼈지요. 오히려 군데군데 파인 홈, 간혹 제공되는 결핍은 기가 막히게 포착하지요.

우리의 기억은 선택에 따라 구성되는 경우가 대부분입니다. 같은 사건을 두고 부모와 자식의 기억이 판이한 것은 우리가 결국 자신이 유리한 쪽으로 혹은 그것이 고통이라 하더라도 자신의 감정적 이득이 있는 쪽으로 선택하기 때문입니다. 결핍을 선택함으로써 끝없이 갈망하고 욕망할 수 있는 것이지요. 끝없이 나약한 사람으로, 결여된 자로 요구를 멈추지 않을 수도 있는 것입니다.

진실과 환상 사이

분석 중에는 과거 일어났던 사건을 탐사하고 유물을 발굴하듯 조심스럽게 붓질을 해서 그것의 사실적 형태가 드러나도록 하는 과정이 꽤 흥미진진하게, 때로는 집요하게 이루어집니다. 그리고 놀라운 진실이 드러나기도 하지요. 어떤 진실을 찾아내는 것만으로 마음이 가벼워지기도 하고 자유로워지기도 합니다. 납득이 되면 그것을 쉽게 놓아 버릴 수도 있기 때문이지요. 사실을 알아내는 것이 중요하지만, 안다고 해서 모든 것이 해결되지는 않습니다. 그 사실이라는 것은 매우 나약하기 때문이지요.

분석을 진행하는 동안 이야기하는 내용이 실제로 경험한 것인지, 아닌지는 크게 중요하지 않습니다. 이 말은 분석 과정 중에 거론되는 내용은 한 개인이 실제 그것을 경험했느냐, 아니냐보다 왜 그렇게 기억되는지, 그 기억을 붙들거나 그 기억이 만들어 내고 있는 환상과 욕망이 무엇인지, 그 욕망의 방향이 어디인지 드러내는 것이 중요하다는 의미입니다. 그것이 한 개인의 진실과 그 개인이 좇고 있는 진리를 말해 주기 때문이지요. 그렇게 드러난 진실과 진리를 개인은 새롭게 받아들이고 스스로 재구성할 수 있습니다. 그것은 언어로 구조화되어 있는 우리 의식이 지닌 하나의 가능성이고, 정신 분석의 가능성이기도 하지요.

언어학에 기표와 기의가 있습니다. 기표를 언어로 말하는 '나무'라고 한다면, 기의는 나무가 뜻하는 '의미'에 해당하지요. 누군가 '나무'라고 말할 때, 나무에 대해 가지는 '의미'는 각자 다릅니다. 어떤 사람은 책상 재료로 쓰이는 나무를 떠올리고, 어떤 사람은 숲에 있는 소나무를 떠올립니다. 또 누군가에게 '나무'는 아름드리 숲을 연상시키며 황홀한 장면으로 이끄는가 하면, 누군가에게 '나무'는 폭행의 수단으로 쓰인 각목을 떠올리는 끔찍한 장면으로 이끌고 갈 수도 있지요. 모두 '나무'라는 하나의 기표 아래에서 생성되는 개인적인 기의, 의미입니다.

우리의 기억은 기표가 아니라 가장 영향을 많이 준 부모나 주변인이 부여한 기의, 의미에 따라 형성되고 차곡차곡 쌓입니다. 개인의 상처도 어떤 의미를 부여했는지, 그리고 그 의미에 대한 개인의 환상, 해석이 어떠한가에 따라 각자 다르게 인지된다고 볼 수 있습니다.

자크 라캉은 한 개인에게 부여되고 새겨져 있는 의미들을 기표 중심으로 새로운 의미로 만들어 가는 것을 주요한 치료 과정으로 보고 있습니다. 그것은 우리가 가진 상처나 흔적을 무턱대고 없애거나 지워 버리는 작업이 아니라, 그 의미와 무게를 재해석해서 지금까지 나에게 상처로 새겨진 나무라는 기표에 새로운 의미를 써 나가는 일을 말하지요. 무의식의 재구성이고, 심리 구조의 재구성이라고 할 수 있습니다. 또한 분석의 과정이기도 합니다.

그래서 우리의 가능성은 언제나 무한으로 열려 있습니다. 우리를 가득 메우고 있는 기표와 그 기표에 다닥다닥 붙어 있는 무수한 의미들을 표면 위로 끌어올리고, 그 의미들을 하나씩 하나씩 털어 내고 분절해 가는 일입니다. 우리가 이미 알고 있고 믿고 있는 관념과 경험, 길들여진 언어의 경계를 넘어서는 가능성이지요.

우리 엄마는 없고,
내 엄마만 있을 뿐이다

"아이들이 상상하는
이상적인 엄마는
존재하지 않는다."

"엄만 왜 그래? 무슨 엄마가 그래?"

딸아이가 3~4학년 시절 저에게 가장 많이 했던 말입니다. 그러면 저는 이렇게 답하곤 했지요.

"엄마는 그래야 한다는 편견을 버리는 게 좋아. 네 엄마는 그래."

이 말은 아이 나름대로 엄마에 대한 환상이 있다는 이야기입니다. 딸아이가 상상하는 엄마의 상은 결코 감정을 내뱉지 않고 온화하며 인자한, 왠지 신사임당 같은 모습이었을지도 모르겠습니다. 어디서 배운 것도 아니고, 어떤 특정한 책을 읽은 것도 아닌 딸아이가 이런 환상을 갖는 것은 왜일까요? 융 심리학의 언어를 빌려 말하면, 집단 무의식이라 할 수 있을 것입니다. 또한 굳이 무의식을 들지 않더라도, 우리가 태어나서 주 양육자와 관계를 맺는 순간부터 사회적, 문화적 지식에 지배당하기 때문으로 볼 수도 있겠지요.

자녀는 직접적인 주 양육자인 부모의 언어를 통해 세상을 만나지만, 부모 또한 자신들만의 고유한 언어로 이야기하는 것이 아니라 사회화된 무수한 세계의 지식이 토대가 된 언어로 말합니다. 이처럼 우리의 의식은 무언가를 배우지 않아도 많은 환상과 이상들로 가득 차 있지요.

자크 라캉은 "사회와 문화, 세상이 만들어 준 보편적인 지식을 대타자의 언어"라고 말했습니다. 그것은 고정불변인 어떤 보편적인 지식과 이미지를 말하기도 하고, 실제로는 아니지만 모두가 동의할 것 같은 상식과 기준의 보편 지식이기도 하지요.

이상적인 엄마와 실제 엄마의 거리

딸아이가 경험하는 자신의 엄마는 상상과는 달리 그리 따스하고 인자한 엄마의 모습은 아니었던 모양입니다. 그리고 자신이 상상하는 엄마와 실제의 엄마가 다르다는 사실을 선뜻 받아들이지 못했지요. 그 차이와 괴리에서 결핍이라는 것이 만들어지기도 합니다. 그렇게 만들어진 결핍은 알 수 없는 상처를 남기기도 하지요. 딸아이에게 엄마는 어느 때는 안드로메다에 가 있는 듯 영혼이 떠난 채 답을 하기도 하고, 또 어느 때는 직설적으로 꼬집어 말하며 자신이 욕구하는 것을 좌절시키기도 했지요. 모든 것을 자애로움으로 감싸 안아야 엄마다운 엄마 같은데, 실제 엄마는 감정적인 반응을 보이며 나약한 모습을 보이기도 합니다. 딸아이는 한동안 솜털이 보송한 인형에 집착하면서 그 결여를 메우려는 시도를 하기도 했지요.

그러던 아이가 초등학교 6학년이 될 즈음부터 엄마에 대한 표현이 조금씩 달라지기 시작했습니다. 저학년 때까지는 어떤 이미지로만 엄마를 대면하며 그 이미지에 맞지 않는 엄마의 모습을 불만스럽게 생각하고 그 이미지에 맞는 엄마가 되도록 요구했다면, 고학년이 되면서부터는 엄마의 장단점을 구체적으로 인식하고 말하기 시작했지요.

"엄마는 표현이 툭툭거리기는 하지만, 마음은 무척 약한 게 느껴져. 여린 것 같아."
"엄마는 무뚝뚝한데, 내 말을 끝까지 듣고 잘 기억해 주는 엄마야."

"나는 엄마한테 마음에 안 드는 게 참 많은데, 그래도 나를 애틋하게 여기는 건 알 수 있겠어."

"난 엄마가 싫을 때도 있지만, 엄마를 사랑하는 것만은 틀림없어."

이는 이상적인 엄마 이미지를 그리고 이상적인 엄마를 요구하던 아이가 현실적인 엄마의 구체적인 면들을 인지하고 받아들이기 시작했다는 표시이기도 합니다. 인형에 대한 애착이 자연스럽게 사라졌고, 친구에 대한 관심으로 이어졌지요. 다른 말로 하면, 결여를 받아들이기 시작했다는 것입니다.

아이가 구체적이고 개별적으로 엄마와의 경험을 체화해 나가는 과정입니다. 아이가 엄마와 자신의 관계를 구체적인 경험으로 체화하지 못하면, 이상적인 이미지에 붙들린 채 현실과 이상 사이에서 만들어진 결핍감에서 헤어 나오지 못합니다. 왜냐하면, 아이들이 상상하는 이상적인 엄마는 존재하지 않기 때문이지요. 좋은 엄마가 아니라 자신이 구체적으로 경험한 엄마와의 관계가 내재화되어야 합니다.

그러기 위해서는 엄마인 내가 좋은 엄마 이미지에 매몰되어 있지 않아야 합니다. 아이의 요구를 수용하고 인정하지만, 나는 나대로 엄마의 길이 있다는 것을 엄마 스스로가 믿어야 하지요. 그렇지 않으면 이상적인 엄마가 되지 못하는 죄책감과 자책감으로 아이와의 관계는 점점 꼬여 가거나 헌신적인 역할에 매몰될 수 있습니다.

좋은 엄마, 나쁜 엄마

좋은 엄마란 없습니다. 내 모습인 채로 충분히 내 아이와 개별적이고 독특한 관계를 맺으면 그것으로 충분하지요. 소극적인 엄마라면 나서지 않고 조용한 모습의 엄마를 아이가 받아들일 수 있어야 하는데, 엄마인 내가 소극적인 내 모습이 불편하지 않아야 합니다. 그래야 당당하게 "네 엄마는 그런 엄마야"라고 말할 수 있지요.

'나는 이런 사람인데 어쩌라고?'의 의미가 아닙니다. '나는 네가 상상하는 엄마는 아니지만 네 엄마로서 충분히 너를 사랑하고 있고, 너도 엄마의 딸이라는 이유만으로 충분히 사랑받아 마땅하다'라는 것을 아이와 엄마가 관계를 통해 경험해야 하지요.

엄마도 딸아이가 가진 여러 가지 기질이나 장단점을 충분히 인정하고 받아들일 수 있어야 합니다. 나를 닮아서 예쁘게 느껴지는 아이가 있는가 하면, 내가 싫어하는 내 모습을 닮아 걱정되고 불안한 아이가 있기도 합니다. 두 경우 모두 엄마가 자신에게 붙들려 있기 때문입니다. 아이를 나와 다른 타자, 나와 다른 인격체로 보지 못해서 벌어지는 갈등이지요.

내 마음에 들지 않는 내 모습이 아이에게서 발견될 때는 끝까지 그것을 없애고 싶어 하고, 나에게 있는 어떤 면이 아이에게 없으면 왜 그것도 못 하냐고 타박하며 나무라기 쉽습니다. 나 자신과 친해지지 않아서, 나 자신을 별로 좋아하지 않아서 아이에게 그것이 투사되는 상황이지요. 그러기에 엄마가 자신을 충분히 이해하고 믿을 수 있어야 아이가 가지고 있는 여러 가지 성향과 특질을 구체적이고 객관적으로 인지하고 받아들일 수 있습니다. 다듬어져야 할 것은 주의를 기울이며 기다릴 수 있고, 기다릴 수 있어야 그것을 폭력적이지 않은 방식으로 수정해 줄 수 있는 타이밍을 잡을 수 있습니다.

'내 엄마'가 되는 법

스무 살이던 제가 수녀원으로 들어가던 날 새벽, 지금은 신부님이 된 신학생이 어린 시절부터 같은 성당에서 자란 오랜 정을 뒤로하고 떠나는 저에게 울먹이며 이런 말을 남겼었지요.

"우란아, 하느님은 우리의 하느님이 아니고 나의 하느님이어야 한다. 우리의 신이 아니고 나의 신이어야 한다. 나의 하느님을 만나야 한다. 그것만 기억하자!"

엄마도 마찬가지입니다. 우리 엄마가 아닌 내 엄마가 있으면 되지요. 대외적으로 아무리 좋은 이미지와 좋은 사람인 엄마라도 내 엄마로서 개인적인 기억으로 체화되어 있지 않으면 무의미한 것이죠. 나쁘기만 한 엄마도 없으며, 좋기만 한 엄마도 없습니다.

나쁜 것이 드러나는 것을 두려워하고 좋은 것만 보려는 회피를 통해 어둠은 더 커져 갑니다. 그 어둠에 대한 대가를 아이들이 치르게 되기도 하지요. 나를 나쁜 엄마라 생각하고 자포자기한 채로 아이를 밀어내지는 말아야 합니다. 좋은 엄마가 되고 싶은 열정으로 정작 아이가 원하는 것을 소외시키는 외로운 엄마가 되지는 않았으면 좋겠습니다.

무엇보다 사색하고 사유하는 엄마여야 합니다. 엄마 자신의 욕구와 욕망, 결핍과 상처를 인식하고 애도할 수 있을 때, 그동안 발화되지 않았던 뜨거운 모성을 만나기도 하기 때문입니다.

나를 자세히 보면
엄마가 보인다

"내가 아이를 대하는 태도를 유심히 관찰해 보면
누군가가 나를 대했던 그 태도로
아이를 대하고 있다는 것을 발견할 때가 있다."

"나는 내 일을 하고 너는 너의 일을 한다. 나는 너의 기대에 맞추려
고 이 세상에서 사는 것이 아니며 너는 나의 기대를 이루려고 사는 것
이 아니다. 우리가 진정으로 만난다면 좋을 것이다."

-프리츠 펄스

어느 날, 선배가 다급한 목소리로 전화를 걸어 왔습니다.

"지인이라 예의상 이런 도움을 요청해서는 안 된다는 것을 알지만,
지금 생각나는 사람이 너밖에 없다. 너무 혼란스러워서 어떤 이야기

라도 나누고 싶다."

지인이나 개인적인 친분이 있는 사람을 상담할 수는 없는 노릇이
지만, 그렇다고 딱 잘라 거절하고 다른 전문가를 안내해 주기도 뭣해
서 일단은 상담실로 불러서 이야기를 듣기로 했지요.

선배는 결혼해서 큰아이인 딸아이와 작은아이인 아들을 두고 있
습니다. 남편과는 사이가 원만하고 좋은 편인데 꼭 아이들 문제, 특
히 딸아이 문제만 나오면 크게 다투게 된답니다. 그날도 큰아이 교
육 문제로 크게 다투었답니다.

큰아이의 공부, 특히 영어의 중요성을 강조하는 남편이 큰아이 학
습 상황을 점검해 주곤 했는데, 잘 따라가던 아이가 어느 날 갑자기
영어 학습 능력에 퇴보를 보였습니다. 갑작스러운 딸아이의 변화에
당황한 아빠가 불안해하며 아무래도 학원을 바꾸어야 하지 않겠느
냐고 아내에게 의논을 했는데, 선배는 그 이야기를 듣자마자 짜증이
밀려오고 화가 치밀어 올랐습니다. 아이들이 잘 따라갈 때도 있고
느리게 갈 때도 있는데 남편이 과도하게 불안해하는 것 같기도 하고,
아빠가 딸아이 학습을 알아서 잘 맡아 주겠거니 했는데 갑자기 자신
이 신경을 쓰게 하는 것 같아 짜증이 난 것입니다.

그 싸움은 일파만파 감정 다툼으로까지 번지고, 급기야는 이혼 이
야기까지 나오게 되었답니다. 도무지 이 일이 이혼까지 거론할 만큼

큰일인지도 납득이 안 되고, 뭔가 자꾸 꼬여 가는 것 같아서 연락을 한 것입니다.

저는 이야기를 찬찬히 듣고 몇 가지 질문을 했고, 선배는 대화하는 도중에 스스로 알아차리게 된 것들이 있었지요. 모든 일정이 순조롭게 진행되고 있고, 특히 둘째인 아들에게 많은 시간을 투자하고 있는데 큰아이 학원 문제로 다시 일정을 조정하고 새롭게 선생님을 찾아야 하는 일이 무척 성가시게 느껴졌다는 것, 평소 잘하던 딸아이가 갑자기 동생의 영어 발음을 흉내 내는 것 같아서 내심 보기 싫고 '쟤가 왜 저러나?' 싶었다는 것, 무엇보다 쪼르르 아빠한테 가서 아기 짓을 하며 이른 듯한 느낌이 들어 더 밉고 화가 났다는 것 등입니다. 그래서 선배는 둘이서 알아서 하라고 선을 긋는 태도를 보였고, 선배의 태도에 대해 남편은 이해할 수 없을 정도의 화를 내며 엄마도 아니라는 식의 막말 세례까지 퍼부었다는 것입니다. 알 수 없는 답답함과 혼란, 불안과 죄책감 등이 뒤엉켜서 찾아왔지요.

태도와 욕망의 대물림

선배는 장녀로 태어나 자매들에게 많은 것을 양보하면서 자랐습니다. 아들이 없던 가정에서 어머니는 늘 아들에 대한 아쉬움을 토

로했고, 선배는 첫째가 딸이라 아쉽다는 소리를 들어야 했습니다. 어머니는 바로 아래 동생인 둘째가 아들이기를 기대했으나 또 딸이어서 실망하셨고, 동생을 아들을 키우듯 키워 내셨습니다. 보통 남자아이들처럼 짧은 머리를 즐겨 해 주셨고, 덕분에 아래 동생은 톰보이처럼 자랐다고 합니다. 그렇게 자란 여동생은 그 나름대로 어려움이 있었을 것입니다.

선배는 결혼해서 둘째로 아들을 낳았고, 친정엄마는 외손주에게 모든 것을 다 줄 것처럼 좋아하셨지요. 아이의 엄마인 선배도 마치 친정엄마의 한풀이를 하듯 아들을 품에서 떨어뜨리지 않았습니다. 오랜 시간 이야기를 풀어놓다 보니, 엄마가 자신을 대하던 방식으로 똑같이 큰딸에게 하고 있었다는 것을 알아차리고 선배는 울기 시작했습니다. 둘째 아이와의 밀착에 방해가 되는 큰아이를 밀어내고 소외시키고 싶어 했다는 것을 알아차린 것이죠. 그 마음의 충동은 무엇이었을까요?

남편이 갑자기 과도하게 딸아이 문제를 들고 나오는 것처럼 느껴져서 너무 화가 나고 싫었던 것도 둘째에게 집중하는 흐름에 방해가 되었기 때문입니다. 선배가 아들과의 관계에 애착하고 몰입하는 것은 단순히 엄마의 한풀이를 대신하고 있는 것만은 아닙니다. 친정어머니의 욕망을 고스란히 계승해서 그것이 마치 자신의 욕망인 양 그 욕망에 양분을 주며 온 에너지를 쏟고 살아가고 있는 것이지요.

선배는 그런 어머니 밑에서 자라는 동안, 또 성인이 된 이후에도 단 한번도 화를 내거나 원망 섞인 말을 뱉어 본 적이 없었습니다. 그저 아들이 없어서 힘겹고 불행한 삶을 살았다고 생각한 어머니를 어떻게든 돌보려는 마음이 가득했던 것 같습니다. 외손주를 보고 기뻐하는 어머니를 보면서 그간 받지 못했던 사랑을 대리 충족하고 있었는지도 모르겠습니다. 그 대가는 자신의 큰 딸아이가 치르도록 허용하면서 말이지요.

좀 더 나아가서, 저는 선배의 이야기를 들으면서 '딸아이가 본능적으로나 직관적으로 자신을 소외시키는 엄마에게 어떻게 대적해야 하는지를 알고 있구나…'라고 생각했습니다. 영어 성적에 민감한 아빠를 소환하는 법을 알고 있었기 때문이지요. 그리고 아빠가 자신을 대신해 엄마와 투쟁하고 엄마를 나무라게 하는 방법을 알고 있었던 것입니다. '요 녀석이 꽤 민감한 아이구나…' 싶은 생각이 들었지요.

여기서 한 가지 더 중요한 것은 딸아이가 영어 발음의 퇴행을 보인 시점입니다. 엄마는 이전이나 현재나 비슷한 패턴으로 자신을 소외시키거나 남동생과 밀착을 유지해 왔을 텐데 딸아이가 갑작스럽게 퇴행을 보였다면, 그 시점을 전후로 어떤 일들이 있었는지 함께 살펴보아야 합니다. 부부 사이나 심경에 어떤 변화가 없었는지, 아빠의 상태는 어떠했는지까지도 말입니다. 결과적으로는 이 사건 덕분에 엄마는 자신을 돌아보고 딸아이와의 관계를 새롭게 탐색하는 계기가 되었으니 아이가 원하던 것을 얻었을지도 모를 일입니다.

가족이라는 이름의 심리적 연대감

내가 아이를 대하는 태도를 유심히 관찰해 보면, 누군가가 나를 대했던 그 태도로 아이를 대하고 있다는 것을 발견할 때가 있습니다. 엄마가 나를 홀대했다면 나 자신도 아이를 홀대하기 쉽고, 딸보다는 아들이 우선인 엄마가 있었다면 꼭 가부장적인 분위기 때문이 아니더라도 나 또한 아들을 우선시하는 태도가 나타날 수 있지요. 의식하지 못한 사이에 딸아이를 소외시키는 방식으로 아이들을 대할 수도 있습니다.

"내 것 아닌 것이 들어와 나인 척한다."

-자크 라캉

이렇게 가족이라는 이름의 연대는 질긴 심리적 반복을 만들어 내면서 삶을 형성해 갑니다. 각자가 고유한 개인으로 서서 건강하게 관계를 맺어 갈 수 있다면 더할 나위 없이 좋겠지만, 역설적으로 나자신과 부모의 역사를 제대로 이해하지 못하면 이런 반복은 멈추기가 어렵습니다.

　내가 나를 궁금해하지 않는 태도, 내가 믿고 있는 많은 지식과 나에게 부여된 많은 보편적인 상식들에 대한 근원적인 의문과 질문이 없다면, 그저 누군가의 역할이나 욕망을 대신하는 연기자의 삶을 살아가게 될 수도 있지요. 더 나아가 이렇게 잃어버린 나를 다시 내 아이들에게서 찾거나 회복하고자 하는 불행이 반복되고는 합니다.

나도 엄마의 사랑스러운 딸이고 싶었다

"엄마의 편애를 받는 대신
치러야 하는 대가는
생각 외로 가혹하다."

여성 동료가 대부분인 직장에서 근무하던 경희 씨는 혜성 씨와 가깝게 지냈습니다. 경희 씨는 자신보다 나이가 위인 혜성 씨를 언니처럼 여기며 좋아했고 친밀감을 느끼며 편안하게 지냈지요. 경희 씨가 보기에 혜성 씨는 외모가 아름답고 성격도 좋고 재능도 많은 사람 같아서 부러워하면서 따랐습니다. 직장 내 여성 팀장도 경희 씨와 혜성 씨 모두를 좋아하고 친하게 지냈었는데, 어느 날부터 경희 씨 눈에 팀장이 혜성 씨를 더 좋아하는 것 같고 챙기고 믿는 것 같아 보였습니다. 팀장에 대한 불편함과 불만이 생기기 시작하면서 작은 마찰들이 일어났지요.

함께 하던 프로젝트에서 경희 씨가 맡은 일이 있었습니다. 단독으로 결정할 수 있는 일은 아니었지만, 경희 씨가 나름의 생각으로 혼자 결정하고 팀원들에게 통보를 하면서 폭발적인 갈등이 불거졌습니다. 뜬금없는 통보를 받았다고 생각한 혜성 씨가 일 처리 과정의 문제점을 짚고 나오자, 혜성 씨와 경희 씨의 표면적인 싸움으로 번졌지요. 경희 씨는 혜성 씨가 자신에게 지적하고 나오는 상황을 엄청난 공격으로 받아들이면서 폭발적인 감정 반응을 보였습니다.

어제까지 사이좋게 잘 지내고 있다고 생각했던 혜성 씨는 도무지 이 상황이 납득이 되지 않았지요. 혜성 씨는 어떻게든 사태를 설명하기 위해 경희 씨와 이야기하려 했지만, 객관적인 상황을 설명하려고 시도하면 할수록 경희 씨는 혜성 씨가 자신을 공격하고 핍박한다고 느꼈습니다. 팀장도 납득이 안 되기는 마찬가지였습니다. 문제를 해결해 보자고 경희 씨에게 접근하면 경희 씨는 혜성 씨와 팀장이 함께 자신을 공격한다고 느끼며 주변 사람들에게 달려가 도움을 요청하기에 이르렀습니다.

이들의 전쟁으로 주변 동료들에게까지 불편과 긴장이 전이되고 직장 내 분위기가 여간 어지러운 상황이 아니게 되었지요. 도무지 이대로는 직장 생활의 유지가 어렵다고 생각한 팀장은 아는 분을 통해 집단 심리 치료를 요청했지요.

편애의 대가

집단 심리 치료를 시작한 초기, 경희 씨는 혜성 씨가 자신에게 부당한 지적을 하고 자유로운 선택을 가로막고 화를 냈다고 엄청난 분노를 퍼부었습니다. 혜성 씨는 경희 씨의 분노가 왜 자신에게 향하는지 납득할 수 없어 더 화를 내고 있었지요. 여기에 자신이 좋아했던 경희 씨에 대한 배신감마저 크게 들어 고통스러워했지요. 일주일에 한 번씩 몇 주간 정제되지 않은 감정들이 난무하던 중, 경희 씨가 갑자기 어린 시절 자신의 경험을 이야기하며 오열하기 시작했고 상황은 급반전되었습니다.

경희 씨는 늘 언니를 편애하던 엄마에 대한 갈증과 분노를 느끼며 자랐습니다. 엄마에게 사랑받고 싶어서 더 많은 노력과 희생을 감수했지만, 돌아오는 것은 언니를 우선적으로 선택하고 믿고 의지하는 엄마의 태도였습니다. 같은 팀 내에서 팀장님이 혜성 씨를 더 좋아하는 듯한 느낌(실제와는 달랐지요)이 들었고 갑자기 걷잡을 수 없는 분노가 치밀어 그 화를 혜성 씨에게 투척한 것 같다고 고백했습니다. 경희 씨가 어느 순간 사로잡힌 환상은 실제 팀장과 혜성 씨와의 관계가 아니라 엄마와 언니의 관계를 투사한 것이었고, 언니와 엄마에게 내고 싶었던 화를 팀장과 혜성 씨에게 표출한 것이지요. 경희 씨의 상황을 전해 듣자, 혜성 씨는 그제야 왜 자신이 그런 상황에 놓이게 되었는지, 왜 생각지도 못한 가해자가 되었는지를 이해했고 경희 씨를 이해하게 되었습니다.

경희 씨는 혜성 씨를 좋아했기에 부러워했지만, 그 부러움 뒤로 따라붙은 시기심을 견디지 못하고 표면 위로 분출시켰습니다. 그 시기심은 엄마의 편애로 충분히 사랑을 받지 못해서 일어난 결핍 때문만은 아닙니다. 편애로 인한 상처도 크지만, 한편으로는 엄마를 소유하고 싶은 강렬한 욕망이 존재합니다. 이 경우, 자신이 가진 욕망을 은폐하고 방어하기 위해 상대를 공격자와 박해자로 만들고 실제로 과도한 공포와 불안, 두려움을 경험하기도 하지요. 이는 소유에 대한 욕망입니다. 이런 종류의 욕망은 대상을 가리지 않고 어떤 상황, 어떤 관계에서든 자신의 의지와 상관없이 출현할 수 있지요. 이것을 사랑이라고 오인해서는 안 됩니다.

멜라니 클라인은 "아이와 어머니 관계에서 발생하는 시기심은 아이가 선망하는 어머니를 온전히 자신의 것으로 소유하고 하나로 융합하고자 하는 충동과 욕망에서 일어나는 것"이라고 말했습니다. 그 욕망이 실현되지 않고 좌절될 때, 그 좌절을 아이가 받아들이지 않고 원한으로 간직할 때, 박해 불안이 일어납니다. 그리고 그 왜곡이 적절히 통과되지 못하면 자신과 자신을 박해한다고 생각하는 대상도 함께 파괴하려는 충동과 증상을 보일 수도 있습니다. 이것은 내적으로는 대상과 자신을 분리하지 못해서 일어나는 비극이지요.

사실 이러한 원시적 시기심은 우리 모두가 가지고 있습니다. 다만, 이것을 어떻게 통과해 왔느냐에 따라 다른 결과를 낳게 되는 것입니다. 나에게 일어난 결핍과 결여, 그러니까 상실에 대한 경험을 수용해야 하는데, 실제로는 상실이 일어났으나 심리적으로는 그 상실을 용인하지 않은 채로 성장하는 경우가 많은 것이지요.

한편, 시기심은 부러움과 단짝을 이룹니다. 부러움에 동일시가 일어나 어떤 대상을 극도로 좋아하다가도 그 동일시의 욕망이 충족되지 않을 때 부러움은 돌연 시기심과 공포심으로 돌변하기도 하지요. 일상을 살아가면서 유난히 시기심과 질투를 느끼는 대상이 있다면, 그 대상에게서 내가 가지고 싶지만 갖고 있지 않은 어떤 것을 탐하고 있을지도 모를 일입니다.

편애받는 쪽은 행복할까

편애받는 쪽은 그 편애 덕분에 피해를 겪은 형제들보다 행복할까요? 그렇지 않습니다. 엄마의 편애가 주는 대가는 생각 외로 가혹하기 때문이지요. 늘 편애받고 자란 아들은 성인이 된 후에 여자 형제들을 대신해 부모에 대해 많은 것을 책임져야 하는 경우가 있습니다. 부모를 누가 책임지느냐는 중요하지 않습니다. 그보다는 여자

형제들의 마음에 있는 일종의 복수심, '네가 받은 게 얼마인데 그 정도는 당연한 것 아냐?'라는 마음이 중요합니다. 얼핏 당연해 보일지는 모르지만, 한 개인의 입장에서는 좀 억울한 일일 수도 있습니다. 받은 사랑에 대한 대가를 치러야 한다고 하지만, 그것이 본인이 원한 것도 아닌데다 편애의 대가를 치르기 위해 자신의 삶을 어느 정도 희생해야 하기 때문입니다.

여러 자매들 중에 편애를 받고 자란 딸은 아들과는 또 좀 다른 모습을 보입니다. 엄마와 딸이 매우 심하게 밀착된 상태에서 엄마가 딸의 모든 것에 끝까지 개입하는 경우가 있습니다. 이럴 때 딸은 스스로 할 수 있는 일이 아무것도 없는 사람이 되고는 합니다. 그 결과로 엄마는 나머지 딸들에게 끝없는 희생이나 돌봄을 나누어 지게 하는데, 엄마의 사랑이 늘 고팠던 이 딸들은 그렇게 엄마의 편애 속에서 무능해진 자매를 돌보느라 삶의 많은 부분을 대가로 치르기도 하지요.

경희 씨는 늘 엄마의 사랑이 고팠고, 엄마와 언니가 한 몸처럼 밀착되어 있으면서 일으키는 많은 일들을 처리하는 역할을 맡아야 했습니다. 능력 있는 사업가 남편을 만나 경제적으로 여유가 생기자 엄마와 언니는 경희 씨의 경제적 여유를 나누어 가지는 것을 당연하게 생각했고, 경희 씨의 마음속에는 오래전 결핍 때문에 '내가 이만큼 언니와 엄마를 위해 물질적으로나 정신적으로 보태면 나를 더 사랑해 주고 인정해 주지 않을까?' 하는 생각이 깔려 있었지요.

하지만 엄마와 언니는 밑 빠진 독에 물 붓는 것처럼 아무리 부어 넣어도 고마워하거나 경희 씨를 소중히 여겨 주기보다는, 오히려 조금만 서운한 것이 생겨도 더 화를 내거나 과도한 요구를 했습니다. 경희 씨는 경희 씨대로 원한과 원망이 차곡차곡 쌓여 갔고, 이 분노는 무언가 유사한 구조를 보이는 관계 안에서 폭발적으로 일어났습니다. 혜성 씨 입장에서는 마른하늘에 날벼락이었고, 심지어 그 팀장과는 개인적으로 그렇게 가까운 사이도 아니었는데 그런 화를 자신이 겪어야 하는 것에 당황했지만, 경희 씨가 자신의 내적인 상황을 설명하고 진심으로 사과를 하면서 그들은 오히려 전보다 가까워졌다고 합니다.

분노가 쾌락을 동반할 때

위에서 언급한 대로 직장 내 팀장과 혜성 씨에게 표출했던 경희 씨의 분노는 무의식적으로는 선택적이라고 볼 수도 있습니다. 모든 사람이 자신에게 상처가 되었던 유사한 구조나 환경, 관계에 놓인다고 해서 그런 식으로 분노를 표출하는 것은 아니지요.

우리는 트라우마 때문에 그런 반복을 지속하는 것이니 마땅히 위로받아야 한다고 생각하지만, 그 반복에는 복수의 쾌락이 숨어 있습니다. 자신이 겪은 상처와 상실에 대한 애도가 적절하게 이루어지지 않고 남을 때, 그것에 매몰되어 상처를 반복한다는 의미만은 아니라는 말이지요. 자신의 상처로 인한 분노를 직접적인 대상이 아닌 타인에게 반복적으로 표출하는 데서 오는 쾌락이 존재합니다. 자신을 핍박하고 공격한다고 느끼며 고통스러워하지만, 그 고통을 발산시키고 그 고통을 담보로 지속적으로 분노할 수 있기 때문이지요.

경희 씨는 분석 과정에서 혜성 씨나 팀장이 그런 복수를 감행해도 좋을 만만한 상대였을지도 모른다는 성찰을 해 냈습니다. 그들을 감정의 대상으로 놓고 관계가 틀어지거나 악화되어도 직장 내에서 본인은 약자로 남을 수 있다는 무의식적인 계산이 들어 있었다는 것까지 통찰해 낸 것은 놀라운 일이었지요.

경희 씨는 더 이상 그런 방식으로 자신의 상처받은 역사를 반복하지 않겠다고 결심했고, 자신과 타인을 파괴하는 방식으로 애도를 지속하고 싶지 않다고 했습니다. 그리고 원한으로 놓아주지 못하는 어린 시절의 자신과 그런 자신을 끝까지 보듬지 못하는 엄마와 언니를 놓아주고 싶어 했습니다. 그들을 놓아주고 자신의 삶으로, 현실의 관계들 안으로 새롭고 생생하게 걸어 들어가고 싶은 욕망을 가지고 한발 앞으로 내디딜 용기를 냈지요.

사랑은 질투를
타고 흐른다

"사랑을 똑같이 나누어 주어야 하는 것은 아니다.
엄마와의 기억이 아이에게 충분하다면,
그것으로 괜찮다."

딸을 향한 엄마의 질투가 상당히 은밀하다면, 엄마를 향한 딸의 질투는 꽤 원색적입니다. 특히 6~7세부터 초등학생 때까지 딸아이는 꽤 노골적으로 엄마를 경쟁 상대로 느끼기도 하지요.

딸이 본능적으로 엄마와 많은 것을 함께 느끼고 연결되어 있을수록 엄마에 대한 경쟁심과 공격성 또한 만만치가 않습니다. 유난히 딸의 도발에 지기 싫어해서 말로라도 딸아이를 눌러서 꼼짝 못하게 만들어야 속이 후련해지는 엄마도 있습니다. 자식 이기는 부모가 없다는 시쳇말을 마치 비웃기라도 하듯, 한번도 엄마를 이겨 본 적이 없다는 딸을 많이 만날 수 있지요.

아이가 엄마를 꼭 이겨 먹어야 하는 것은 아니지만 엄마와의 관계에서 절대 엄마를 이길 수 없다는 좌절감은 아이 자신을 매우 무기력하게 만듭니다. 더불어 엄마라는 권력에 대항할 수 없었던 분노를 엉뚱한 곳으로 발산하게 만들기도 하지요. 엄마와 딸이 이기고 지는 게임에 들어가면, 승자와 패자로 나눠지기 마련입니다. 그때 아이가 승자가 되기란 쉽지 않지요. 이기고 지는 게임이 아니라 엄마는 그냥 엄마여야 합니다. 엄마가 지지 않으려는 태도를 보이면 아이는 더욱 경쟁 관계로 내몰립니다.

질투 혹은 사투

엄마를 둘러싼 딸의 심리적 연결 고리는 일반적으로 생각하는 것보다 그 골이 매우 깊습니다. 임상 현장에서 보면, 엄마 이상으로 딸들끼리 주고받는 정서적 영향이 크다는 것을 발견할 수 있습니다. 노골적으로 적대적이고 경쟁을 보이는 딸이 있는가 하면, 동맹 관계를 맺어 엄마의 사랑을 얻으려는 딸도 있지요. 이러한 적대와 질투, 경쟁은 아이들에게만 유효할까요?

수도 생활 중에 겪은 재미있는 일화가 하나 있습니다. 수녀원 공동체는 여성으로만 구성되어 있어 다양한 일이 일어납니다. 여자 수도

원이든 남자 수도원이든 할 것 없이 권력과 편애가 존재하며 욕망과 시기, 질투도 존재합니다. 물론, 수도자들은 끊임없는 성찰과 나눔을 통해 자기 쇄신을 시도하고, 그 세밀한 것들과 사투를 벌이며 일생을 살아가지요.

남자 수도원에는 살아 보지 않아서 잘 모르겠지만, 여자 수도원에서만 일어나는 현상도 적지 않을 것입니다. 보통 한 기수에 동기가 여러 명인데, 나이가 제각각이라 서로 수녀님이라고 호칭하기보다는 언니, 동생으로 부르면서 지내는 경우도 많지요. 비슷한 나이끼리는 유난히 더 경쟁하게 되고, 또 선후배보다는 동기 사이에서 질투가 더 많이 일어납니다.

수련을 받던 수녀 중 한 명이 공동 수련 중에 독감에 걸려 앓아누운 일이 있었습니다. 수녀원 수련기에는 모든 것을 공동으로 하게 되어 있습니다. 빨래, 노동, 기도, 식사, 휴식 등도 같이 하고, 공동 휴식이라고 해서 일과가 끝나면 모여서 바느질도 하고 서로 담소도 나누곤 하지요. 그러던 중에 누군가 아프면, 그 사람은 공동 일과에서 열외가 되어 숙소에서 휴식 시간을 갖곤 하는데 동기들이 밥을 챙겨다가 숙소로 가져다줍니다.

어느 날, 독감에 걸린 수녀와 친하게 지내던 동갑내기 수련 수녀가 감기 기운이 있었지요. 그녀는 자신도 감기 기운이 있으니 예방 차원에서 독감에 걸린 동료 수녀의 약을 나누어 먹겠다고 하고선 약을 나누어 먹었습니다. 그러고는 갑자기 약 알러지 반응으로 온몸이 부어 훨씬 심각한 신체 증상으로 앓아누웠지요.

이처럼 사랑이 타인에게로 집중되는 것을 질투하고 경쟁하면서 신체적 동일시를 통해 그 관심을 분산시키고자 하는 시도는 무의식적으로 일어나기도 합니다.

나도 한 송이 꽃이고 싶다

"엄마는 너희를 똑같이 사랑해!"

아이들도 이 말이 거짓말이라는 것을 다 알고 있습니다. 표면적으로는 최선을 다해 공정과 공평을 위해 노력해도 사실 사람 마음이라는 것이 똑같이 사랑을 나누어 줄 수 있을 만큼 기계적이지는 못하지요. 아이들을 편애하지 않고 사랑해야 한다는 보편 지식과 이상적인 지식으로 길들여진 우리는 이 한 가지 사실을 달성하기 위해 무수한 은폐와 자기 합리화를 시도할 수밖에 없게 됩니다. 왜 똑같이 공평하게 사랑해야 할까요?

너는 너대로 사랑하고 나는 나대로 사랑하면 될 것을…. 저는 첫째와 둘째, 아들과 딸을 똑같이 사랑해야 한다고는 생각지 않습니다.

엄마와의 기억이 아이에게 충분하다면, 그것으로 괜찮습니다.

저는 장녀였고 남동생이 하나 있었는데, 어린 시절 엄마는 늘 아버지를 부를 때 남동생의 이름을 앞에 붙여 "ㅇㅇ 아빠"라고 불렀습니다. 크는 동안 그것이 불만이었지요. 왜 엄마는 내 이름은 붙여 부르지 않는 걸까? 남동생 이름의 끝 자가 '민'이었기에 "민이 아빠"는 뭔가 자연스러운데 제 이름의 끝 자인 '란'을 붙여 "란이 아빠"라 부르기엔 뭔가 매끄럽지 않은 느낌이니, 내 이름 탓이라고 스스로를 위로하며 넘긴 기억이 있습니다.

제 생각에는 부부간에는 서로의 이름이나 호칭으로 부르는 것이 좋은 것 같습니다. 누구 아빠, 누구 엄마로 아이와 부모를 융합시키기보다는 개별적인 개인으로 부르는 것이 좋다는 생각이지요.

시인 김춘수의 유명한 〈꽃〉이라는 시도 있지요.

"내가 그의 이름을 불러 주기 전에는 그는 다만 하나의 몸짓에 지나지 않았다. 내가 그의 이름을 불러 주었을 때 그는 나에게로 와서 꽃이 되었다."

똑같이 사랑하는 것에 매달릴 것이 아니라, 이름 붙여진 그 개별성과 고유함으로 엄마에게 기억되고 불린 경험이 있다면 그것으로도 충분합니다. 아이도 마찬가지죠. 좋은 엄마가 아니라 자신만의 엄마에 대한 상을 형성하고 그것을 받아들이면 세상 어느 누구도 부럽지 않은 엄마를 갖게 되는 것입니다.

몸은 나도 모르는
나를 알고 있다

"우리의 몸은 이토록
민감하고 사소한 하나의 증상도
거미줄처럼 많은 스토리와 역사를 품고 있다."

"어떤 신체 증상은 암호화된 질문이며, 어떤 것을 표현하려는 노력이다."

-대리언 리더

　우리 자신에게, 또는 아이들에게 갑작스러운 신체적, 정신적 증상이 출현할 때는 그 시점과 맥락을 살펴보는 것이 매우 중요합니다. 내가 애착했던 대상에 대한 무의식적 동일시는 유전적 소인에 의해서가 아니라도 같은 시기에 같은 증상으로 동시에 발병하는 경우가 드물지 않기 때문입니다. 그래서 상담 시간에는 증상의 출현과 시기를 꼼꼼히 살피고, 주변 관계에서 일어났던 사건들을 함께 탐색합니다. 때로는 그 탐색이 마치 어떤 사건을 추적해 들어가는 수사관을 연상시키기도 하지요.

40대 중반에 갑자기 인생의 위기가 닥쳐서 상담실을 찾아온 어느 여성은 긴 시간의 탐색 끝에 자신의 어머니가 정신 병원에 입원한 나이와 자신에게 심리적 증상이 심각하게 발화해 상담실을 찾아온 나이가 똑같다는 사실을 발견하고 경악했습니다. 30대 후반의 한 여성은 20대 초반에 낙태를 한 사건과 어머니가 자신을 낙태시키려고 했던 나이가 비슷한 즈음이었다는 사실을 발견하고 충격을 받기도 했지요.

우리의 무의식은 훨씬 더 구체적이고 많은 일들을 새겨 넣고 있고, 그것이 어떤 방향으로 우리를 끌고 가고 있는지 전혀 알지 못합니다. 굳이 힘들고 지난한 개인 분석 작업을 하는 이유가 여기에 있기도 하지요.

오래전 학교에서 근무할 당시, 과민성 대장 증후군을 앓고 있던 여중생이 그 병 때문에 학교생활이 힘들다고 호소해 온 적이 있습니다. 딸아이의 학교생활이 원만하지 못해서 가장 괴로워한 사람은 여학생의 엄마였지요. 과민성이라는 것이 신경성이라 심리적인 요인이 크다는 것 말고는 어떤 원인도, 처방도 병원에서 얻지 못했지요. 엄마는 백방으로 병원을 찾아다니고 아이를 치료하기 위해 노력했지만, 결국 딸아이는 그 증상을 포기(?)하지 않았고 학교를 자퇴하기에 이르렀습니다.

여학생이 자신의 신체 증상을 통해 하고자 한 일은 엄마의 굴복이었습니다. 평상시 큰딸이었던 여학생과 엄마 사이에 잦은 신경전과 갈등이 있었고, 아이 입장에서 엄마는 자신의 말에 귀 기울이지 않는 사람이었지요. 물론, 분석적 입장에서는 더 깊고 복잡한 경로들이 얽혀 있으나, 여학생이 학교를 자퇴해서 가장 고통스러워 한 사람이 자신이 아닌 엄마인 것이 분명하다면, 그 증상의 메시지도 그곳에 있다고 충분히 의심해 볼 만합니다.

아이들은 자신의 욕구나 호소를 인지적으로나 이성적으로 의식화할 수 없습니다. 어른들도 자신의 욕구나 소망, 결핍을 스스로 인지하지 못하는 경우 몸으로 호소하고 말하는 신체적 증상이 나타납니다.

몸은 나에게 무슨 말을 하려는 걸까

사람을 만나는 시간이 늘어날수록, 현대의 정신 의학이 하는 진단과 처방 그리고 약물은 과격하고 폭력적이라는 생각을 하게 됩니다. 경제적인 이유와 사회 시스템의 한계 때문에 안타깝게도 많은 의사는 한 개인의 역사를 세밀하게 살피고 알려고 하지 않습니다. 분류와 통계에 따라 진단하고, 같은 약물을 처방하고, 증상의 정도에 따라 줄이거나 늘리거나 할 뿐이지요. 하지만 우리 개인의 몸은 이토록 민감하고 사소한 하나의 증상이라도 거미줄처럼 많은 스토리와 역사를 품고 있습니다. 이 모든 것을 알 수는 없지만, 적어도 나는 자신의 몸과, 몸이 말하는 역사와 신호를 들어야 하지 않을까요?

때때로 진단명을 지나치게 맹신하거나 진단명을 듣는 것만으로 마음이 편하다고 말하는 분이 있습니다. 반면, 진단명이 주어지는 것을 불편하게 여기는 사람은 자신이 어느 한곳에 규정되는 것을 싫어하고 어떤 사람으로 인식되는 것을 거부하지요. 하지만 진단명을 원하는 사람들은 적어도 그 진단명 안으로 자신의 증상을 가두어 넣어 무엇을 해야 할지를 알게 해 주기 때문에 안전하게 느낍니다. 훨씬 더 안전한 해결 방법이고, 나의 몸이나 몸과 연결된 나의 정신적인 영역에 세심한 주의를 기울이기 위한 에너지를 더 이상 쏟지 않아도 되기 때문이지요.

몸의 현상에 지나치게 민감하여 병원을 줄기차게 다녀야 하는 사람들은 에너지를 철저히 외부로만 돌리려는 몸부림이 아닌지를 의심해 보아야 하고, 지나치게 내적인 감각에만 몰두해 몸을 무시하는 사람들 또한 회피하고 있는 무엇이 있을 수 있습니다. 우리의 몸과 정신은 하나로 연결되어 있고, 신체의 증상이나 반응은 나에게 보내는 신호와 암호 그리고 메시지로 이해해야 합니다.

몸이 아프면 마음을 들여다보라

줄리아 크리스테바는 "증오나 사랑의 언어가 억압되거나, 아니면 어떤 낱말로도 표현될 수 없는 섬세한 감정이 억압될 경우, 이때부터 그것이 그 어떤 정신적인 각인이나 표상도 뚫을 수 없는 에너지의 방출을 촉발시키고, 그러한 에너지는 신체 기관들을 공격하면서 그것들을 망가뜨려 놓는다"라고 말했습니다.

오래전에 만났던 정혜 씨는 일주일에 5일간 병원 치료를 받았습니다. 요일별로 한의원, 정형외과 물리 치료, 피부과, 내과 등의 치료를 받았지요. 병원을 아무리 돌아다니고 갖가지 치료를 받아도 증상이 나아지는 것 같지 않자 마지막으로 선택한 것이 심리 치료였습니다.

그녀와 작업하면서 알게 된 것은 그녀가 어린 시절 가족을 떠난 엄마의 부재를 애도하는 방식으로 각 전문의의 돌봄과 보살핌을 유지하고 있다는 사실이었습니다. 일주일에 5일간 전문의들은 그녀의 어머니가 그녀에게 해 주지 못한 돌봄과 보살핌을 제공하는 역할을 하고 있었던 셈이지요. 엄마의 부재에 대한 물리적 애도를 지속하고 있었으니, 증상이 나아져서는 안 되는 것이었습니다.

이런 무의식적인 애도가 충분한 위로와 회복을 가져다주었다면 좋았겠지만, 그녀는 증상을 유지해야 했고 그것을 유지하는 데는 신체의 악화라는 대가를 치러야 했지요. 그 대가를 치러 내는 과정에서 '더 이상 이대로는 안 되겠구나…'라는 막연한 생각이 들어 상담실을 찾은 것입니다.

물론, 그녀는 쉽게 증상을 포기하고 싶어 하지 않았습니다. 치료자라고 해서 그것을 쉽게 제거할 수도 없거니와, 포기하도록 하는 처방을 계속 제시한다면 오히려 위협을 느낄 수 있지요. 그녀에게 병원 치료는 곧 엄마와의 접촉이고, 그녀의 신체 증상은 곧 엄마이기 때문입니다. 한 여자아이에게 엄마를 포기하도록 강제할 수는 없지요. 그녀가 그 증상의 의미와 실제를 알아차리고 스스로 포기하고 싶어져야만 가능한 일입니다. 그녀가 몸으로 붙들고 있는 엄마를 충분히 애도하고 보낼 수 있어야 하지요.

4장

엄마는 강하다는 환상을 버리면 얻는 것들

엄마의 모성에 대하여

아이를 사랑하지
못한 죄

"그때 채워 주지 못한 사랑을
지금 채워 준다고
상처가 해결되지 않는다."

자식을 사랑하지 않는 엄마가 있을까요? 결론부터 말하자면, 아이를 사랑하지 않는 엄마는 얼마든지 있을 수 있습니다. 아니, 사랑이라고 자신을 속이면서 실제로는 아이를 자신의 욕망의 대상으로 삼거나 동일시의 대상으로 삼기도 하지요. 엄마가 무조건적인 사랑으로 아이를 사랑한다는 것은 사회가, 세상이 만든 환상이고, 모성 신화이기도 합니다. 사실 부모와 자식만큼 조건적 사랑이 있을까도 싶습니다. 희생한 만큼의 보상을 은밀하게 요구하고, 말과 신체로 직간접적으로 호소하기도 합니다. 자식은 엄마의 말과 신체가 보내는 호소를 외면하기 어렵지요.

간혹, "나는 모성이 너무 부족한 것 같아요", "나는 모성이 없는 것 같아요"라고 말하며 죄책감을 가지는 경우가 있습니다. 일면, 솔직하다고 생각합니다. 적어도 내가 아이를 나보다 더 생각하고 있지 않다는 것을 자각하고 느끼고 있다는 것은 좋은 신호일 가능성이 높습니다. 사실, 아이를 사랑하지 않는다기보다 내 안에 내가 너무 가득 차 있으면 아무리 소중한 내 아이라도 안으로 들일 수 없지요. 아이를 보호한다는 명분을 내세우며 엄마 자신을 보호하려는 순간도 많고, 아이는 그 명분으로 자신을 이해시키려 하지만 마음 안에서는 알 수 없는 저항이 싹트기도 합니다.

꽤 긴 시간 동안 만나 온 여성들을 보면, 모성이 없다기보다는 자신이 가진 상처와 결핍에 압도되어 모성애가 제대로 발휘되지 못한다는 것을 알 수 있었습니다. 정말 병리적 나르시시즘에 갇혀 있는 사람이 아니라면, 적어도 저의 경험 안에선 모성이 없는 사람은 없었습니다. 다만, 그것이 제대로 기능하지 못하는 경우가 있을 뿐이지요.

내 안의 상처들을 이해하고 나를 깊이 알아 갈수록 여성이 가지고 있던 모성이 제 모습을 드러내게 됩니다. 더 정확히 표현하면, 자신만의 고유한 방식으로 새로운 모성을 발굴하고 제 기능을 찾아 힘과 빛을 발하게 됩니다. 무엇을 지켜야 하는지, 무엇을 보호해야 하는지를 명확하게 인지하고 알아차릴 수 있기 때문이지요. 더불어 나와 아이뿐만 아니라 타인을 지킬 줄도 알게 됩니다.

그때는 어쩔 수 없었다?

제가 그랬지요. 어린 시절 엄마에게 들은 사소한 비난의 말들이 축적되어 무의식에서 저 자신을 안전하지 않은 엄마로 인식하고 있었다는 것을 분석 과정에서 알아차렸습니다. 제가 안전하지 않기에 아이를 초등학생 때 3년여 정도 시골에 있는 시어머니 댁에 맡겨 놓고 시골 학교에서 수학하게 했습니다. 물론 어쩔 수 없는 현실적인 이유가 여럿 있었지만, 저 자신을 설득하기 위한 합리화에 불과했지요.

제가 아이를 떨어뜨려 놓은 것은 내재되어 있던 저 자신에 대한 불안, 그리고 힘겹게 결혼하는 과정에서 시어머니에게 받은 상처에 대한 복수였다는 것을 분석 과정에서 알아차렸습니다. 그 순간, 온 다리에 힘이 풀어졌고, 분석실 밖 계단에 앉아 얼마간을 오열했는지 모르겠습니다. 아이를 통해 나의 분노를 표출하고 있었다는 섬뜩함과, 나 자신을 안전하지 않은 엄마로 인식해 아이를 내게서 떨어뜨리는 방법으로 보호하려 한, 왜곡된 모성을 알아차린 순간이었지요.

"그때는 어쩔 수 없었다"라고 흔히들 말하지요. 이것은 우리가 자신의 무의식 뒤로 숨는 행위입니다. 정말이지 내 힘으로 안 되는 일이라는 것이 있을 수는 있지만, 내가 있는 힘을 다해 나 자신을 살펴보고 의심하지 않으면 교활한 무의식에 나 자신이, 내가 가장 소중하게 생각하는 내 아이가 그 대가를 치르게 됩니다.

초등학교 초기에 엄마와 떨어진 딸아이에게 그 결핍의 시간이 초래한 징후가 분명하게 드러나는 지점이 있습니다. 지나치게 내성적인 경향을 보인다거나, 친구 관계에서 뒷걸음질치거나, 예민해지는 모습입니다. 관계에 대해 과도하게 민감해서 자신을 힘들게 하고 괴롭게 하는 모습을 지켜보는 것은 엄마로서 무척 고통스럽습니다. 그럼에도 그 징후를 회피하지 않고 아이가 치러 내고 있는 대가에 대한, 그때 제가 하지 않았던 엄마의 책임이 무엇인지를 끊임없이 고민합니다. 회피하고 싶고 외면하고 싶은 상태를 보일 때, 인내를 가지고 이야기하고 그것을 함께 견디어 내려고 합니다.

간혹, 아이에 대한 죄책감으로 아이의 요구를 무조건 들어주는 부모가 있습니다. 우선은 내가 무엇을 어떻게 했는지 아는 것이 중요하지만, 그렇다고 지난날의 내 행위에 대한 보상으로 무조건 아이 상태에 휘둘리면 위험합니다. 죄책감에 따른 보상은 아이를 위한 것이 아니라 엄마 자신을 위로하는 것에 지나지 않을 수 있기 때문이지요.

이제 와서 보상해도 의미가 없다

결혼을 일찍 해서 대학생이 된 딸아이가 있는 친구가 있습니다. 그 딸아이가 초등학교, 중학교에 다니는 동안 남편과 심각한 불화를 겪은 친구는 거의 정신 줄을 놓고 살았지요. 아이가 대학교에 들어갈 즈음부터 정신을 차리기 시작했습니다. 그동안 치료도 받고 자립해서 지금은 경제생활까지 할 만큼 고통을 잘 이겨 냈습니다. 그런데 그 당시에 딸아이가 엄마의 심리적 부재를 겪게 한 죄책감 때문에 여대생이 된 딸아이가 드러내는 증상과 요구에 무조건 끌려다니며 지금 또 다른 혼란을 겪고 있습니다.

지금이라도 사랑을 채워 주면 되지 않느냐고 친구는 말했습니다. 친구가 크게 오해하고 있는 한 가지가 있습니다. 그때 난 구멍을 지금 채운다고 구멍이 없어지지 않습니다. 그렇게라도 내가 저지른 잘못을 씻어 내고 싶은 엄마의 이기심일 수 있지요. 그건 자신의 죄책감을 상쇄하기 위한, 오히려 자기 자신을 위한 사랑의 방식입니다.

지금 딸아이에게 필요한 것은 그때의 어린 여자아이가 받았어야 할 돌봄이 아닙니다. 딸아이는 엄마의 죄책감을 교묘히 이용하며 엄마를 통제하고 옴짝달싹하지 못하게 하고 있지요. 항상 딸아이의 허락을 받아야 하고, 딸아이가 원하면 바로 달려가야 합니다.

인정하고 수용하기

인간의 여러 충동 중에 한번 맛을 들이면 거기서 벗어나기 어렵게 만드는 쾌락이 존재합니다. 쾌락은 고통을 수반하지만 멈출 수가 없지요. 친구의 딸아이는 자신이 통제하는 대로 엄마가 움직이는 것을 보면서 묘한 짜릿함과 승리감, 쾌감을 맛보았지만, 결코 그 통제가 딸아이를 행복하게 하거나 만족스러운 삶을 살게 하지는 못합니다. 엄마와의 관계가 왜곡되고 엉키고 말 뿐입니다. 딸과 엄마 모두에게 고통이지요.

과거 엄마의 심리적 부재 때문에 어려움을 겪는 딸아이를 도우려면 어떻게 해야 할까요? 우선, 이미 일어난 일을 만회하기 위해 지금 아무리 많은 것을 부어 넣는다고 해서 상처가 옅어지거나 없어지지 않는다는 것을 인정해야 합니다. 이미 일어난 일을 충분히 인정하는 것이지요. 인정한다는 것은 머리가 아니라 마음으로 수용한다는 의미입니다. 또 수용한다는 것은 우리에게 일어난 일에 대한 징후들을 받아들이고 충분히 겪어 낸다는 의미입니다. 더 나아가 그에 따른 책임과 대가를 기꺼이 진다는 의미이지요. 또한 나를 불편하고 힘들게 하는 현상들을 회피하지 않고 견디어 나가겠다는 의미입니다.

정말로 엄마는
딸이 행복하기를 바랄까

"우리는 자신의 상처나 왜곡을
무의식의 먹잇감으로 내주고
은밀히 자녀들에게 복수와 장악을 반복한다."

부모가 자식을 사랑하는 것은 당연한 상식이고 자식을 이기는 부모 없다는 말이 일반화되어 있지만, 앞에서도 이야기했듯이 안타깝게도 그건 사회가 만든 하나의 이상화된 환상일 뿐입니다. 심층 상담을 하다 보면, 자식에게 지지 않는 부모가 많고 한번도 엄마를 이겨 본 적이 없다고 말하는 딸도 참 많이 만나지요.

여고생인 시현이는 엄마와 다투면 결국 이런 소리를 듣고서야 끝난다고 합니다.

"너 엄마한테 감히 그게 무슨 말버릇이야? 여긴 네 집이 아니고 내

집이야!"

아이가 내 마음처럼 되지 않을 때 결국 권력을 행사하게 됩니다. 오죽 버릇없이 굴면 이런 말이 튀어나올까 싶기도 하지만, 그래도 이 것은 아이에 대한 엄마의 마음속 태도를 드러내 주는 '말'이기도 합니다. 이런 예는 어쩌면 아주 사소해 보일 수 있습니다. 하지만 좀 더 은밀하게, 자신이 무슨 일을 하고 있는지 의식하지도 못한 채, 딸의 행복을 방해하는 엄마도 많습니다.

엄마의 질투

상담을 받던 현숙 씨는 딸아이를 위해 열심히 뛰고 뒷바라지를 해 왔습니다. 하지만 결정적인 순간마다 아이의 진학을 은근히 방해하 고 있는 자신을 발견했습니다. 사교육을 열심히 시켜 놓고 좋은 학 교에 지원하려고 하면 안전을 이유로 계속 평가 절하된 기준을 아이 에게 제시하고 있었지요. 고졸인 내가 이 정도면 할 만큼 하지 않았 나 하는 생각도 순간순간 스쳤다고 합니다. 학교에서 부모 면담 요 청이 와도 이런저런 핑계를 대며, 아이의 진로에 구체적인 관심을 두 지 않으려는 자신을 발견하기도 했지요. 그 방해는 딸이 자신의 삶

이상으로 넘어서지 못하도록 막아서는 한 여자의 모습입니다.

또한 한 여성의 남편이 딸아이에게 헌신적으로 돌봄을 제공할 때, 그 모습을 지켜보는 아내는 남편을 향한 뿌듯함을 느끼는 반면, 딸아이를 향해선 '나는 저런 아빠가 없었는데…'라는 부러움이 스치기도 합니다.

사소하든 크든 나의 무언가를 유지하려는 욕망은 집요하지요. 자식을 보호하고, 오직 너희를 위해서 그렇게 살아왔다고 많은 어머니가, 또 우리가 말하지만, 그 말들 이면에는 엄마 개인의 욕망과 이기심, 의존이 숨어 있지요. 이것이 인간이 가진, 엄마가 가진 나약함이기도 합니다. 멀리 있는 사람의 성공은 대단함과 존경으로 지켜봐줄 수 있지만, 가장 가까운 사람들(가족, 지인 등)에겐 비교하고 질투를 느끼기도 하지요.

우리의 무의식은 이토록 교묘하고 이기적입니다. 하지만 무의식도 내가 하는 일입니다. 그것을 의식화하고 표면 위로 올리기 위해 성찰해서 자각하면, 그게 어떤 일이든 멈출 수 있습니다.

엄마의 경쟁심

상담실에서 만난 젊은 여성은 자신이 남자 친구를 만날 때마다 엄마가 방해하는 모습에서 질투를 발견하고 꽤 큰 충격을 받았습니다. 그저 '엄마는 나를 무조건 사랑하는 사람이야'라는 보편적 지식에 갇혀 있었기 때문입니다. 내가 알고 있는 일반화된 지식은 엄마와의 갈등을 도무지 이해할 수 없게 만들지요. 하지만 늦게나마 엄마의 질투가 반영된 행동이라는 것을 알아차리면서 오히려 엄마와의 갈등을 받아들이는 태도가 편안해지기도 합니다.

질투나 시기심이 일어나는 것 자체가 잘못된 것은 아닙니다. 그것은 예외 없이 우리 인간이 가진 가장 원시적인 감정이기 때문이지요. 하지만 내가 무엇을 시기하고 질투하고 있는지 의식하지 못하면, 그 대가는 가까운 누군가가 치르게 됩니다. 가족은 무조건 사랑으로 이루어져 있다는 일반화된 지식에 갇혀서 '사랑'을 의심하지 않으면 문제가 깊어집니다. 설마 엄마가, 딸이 서로를 질투하고 방해할 리가 없다고 굳게 믿으며 무의식적으로나마 은폐하고 보지 않으려는 데서 일어나는 왜곡과 폐해가 독이 되는 것이지요.

미국의 정신 분석학자인 마이클 아이건은 "엄마가 가진 모성에는 사랑만 있는 것이 아니고 독성도 함께 있다"라고 했습니다. 엄마로서가 아닌 여자로서의 엄마는 딸을 내가 보호해야 할 자식으로만 느끼는 것이 아니라, 나보다 더 행복해 보이는 젊은 여성으로 느끼기도 하기 때문입니다. 어린 딸이 자라면서 딸도 엄마를 경쟁 상대로 두기도 하고, 엄마에게도 딸은 은근히 경쟁 상대가 됩니다.

딸이 경험하는 엄마의 말 중에 이런 말이 있습니다.

"그래도 너는 남편 잘 만나서 그런 것도 누리지 않니?"

아버지 때문에 많은 불편과 불행을 겪은 어머니들이 자상한 남편을 만난 딸에게 하는 말이지요. 내 딸이 나보다 행복해져서 다행한 마음이 없지는 않겠으나, 엄마의 말 속에는 묘하게 시기와 부러움이 묻어 있지요. 딸이 행복한 모습을 보며 즐거움을 갖기 이전에, 불쑥 엄마 자신의 불행한 처지와 삶이 복기되는 것입니다. 딸을 그저 성장해서 반듯해진 성인으로 보기보다, 딸을 보면서 그 당시 자신의 처지로 돌아갑니다. 이것은 딸을 하나의 대상으로 놓고 경쟁하고 비교하는, 예외 없이 우리 안에 있는 원시적 감정들이지요. 스스로에 대한 연민과 회한은 유독 딸에게 그런 말들로 뱉어집니다.

'엄마'를 죽여야 내가 산다

영화 〈사도〉를 보면, 딸과 엄마의 관계는 아니지만, 영조(송강호)가 사도 세자(유아인)에게 대리청정을 허락하고 뒤에서 잘해도 트집을 잡고 못하면 못한다고 변덕을 부리며 아들을 잡는 장면이 나옵니다.

왕가의 권력을 놓고 벌이는 부자간의 사투만이 아니라, 우리네 모든 가정에서 일어날 수 있는 심리적 현실입니다. 영화 중 사도 세자는 아버지의 변덕을 참다못해 칼을 들고 아버지를 죽이러 찾아갑니다. 자신의 어린 아들과 아버지가 이야기를 나누는 소리에 칼을 내려놓지만, 결국 그 아버지에게 죽임을 당하고 말지요.

이는 매우 상징적입니다. 우리가 마음 안에서 한번은 아빠, 엄마를 죽이지 않으면 온전히 자신으로 살아갈 수 없다는 심리적 현실을 여실히 보여 주는 것이지요. 더 나아가 내면 안의 그들을 죽이지 않으면, 결국 그들의 손에 우리가 죽어야 하는 것이 부모와 자식의 심리적 필연이기도 합니다. 이때의 죽음은 생물학적 죽음이 아니라, 내 안에서 계속 살아 움직이는 그들의 목소리와 욕망의 죽음을 말하는 것입니다.

심리적 분리는 경제적, 육체적 분리만큼이나 중요합니다. 육체적으로나 물리적으로는 부모와 제대로 분리되어 번듯하게 살아가지만, 심리적 탯줄을 끊지 못해 삶이 앞으로 나아가지 못하는 사람들이 무척 많지요. 분리하고 끊어 내는 것이 극단적인 단절만을 이야기하는 것은 결코 아닙니다. 우리는 마음 안에서 진정한 상실을 경험해 내야 합니다.

이유가 무엇인지조차 모른 채 자기 계발서를 읽고 다양한 취미 생활을 하며 자신의 삶을 다독거리지만, 여전히 풀리지 않는 무언가가 남아 삶을 정체시킵니다. 좋은 게 좋은 거라지만, 그렇지 않습니다. 좋은 면만을 보며 고통과 어두운 면을 회피하기만 하면, 스스로를 직면하고 통과해 나가야 얻을 수 있는 삶의 진리나 만족은 어쩌면 먼일일지도 모르지요. 그러한 만족을 위해서 내 안에서 나를 움직이고 있는 내면화된 목소리와 메시지, 구조화되어 있는 욕망을 스스로 이해할 필요가 있습니다.

그래도 모성은 위대하다

부모에 대한 상실(분리, 단절)이 필요함에도 불구하고, 모성에는 헌신과 온전한 돌봄과 자기 포기라는 위대함이 있는 것 또한 분명해 보입니다. 하지만 그것은 본능이기보다 매우 의식적이고 선택적이라는 것이 저의 생각입니다. 본능이라면 모두가 같아야 합니다. 하지만 모성은 학식이나 배움의 정도와는 무관하게 끊임없이 자신을 성찰한 여성이 가질 수 있는, 스스로 사색할 수 있는 좀 더 다른 층위의 성숙함이고 결연함이지요.

그렇다면 엄마인 내가 나의 역사가 가진 숨은 의미와 고통을 이해해야 합니다. 그리고 나를 이해하려면 결국 내 부모의 역사를 이해하기 위한 관심과 노력을 기울일 수밖에 없습니다. 나의 안위와 평온을 위해 부모의 역사를 아름답게 포장하거나 혹은 반대로 과도하게 평가 절하하지 않는, 있는 그대로의 부모를 알기 위한 노력이 필요하지요. 그래서 분석 과정에서는 내가 의식하지 못했지만 이미 내 안에 내재하고 있는 부모에 대한 역사를 추적하는 데 꽤 많은 시간을 할애합니다. 흥미롭고 놀라운 사실은 전혀 기억하지 못하거나 모른다고 생각했던 부모의 역사가 분석 시간에 구슬이 꿰지듯 관통된다는 사실입니다.

보편적 심리학 지식을 토대로 나를 이해하는 것은 자칫 위험하기도 하고, 매우 일반적인 귀인으로 오인하기가 쉽습니다. 왜냐하면, 아무리 비슷한 상처를 가진 사람이라도 한 사람 한 사람이 가진 고통과 상처는 그 성질과 의미가 전혀 다르기 때문입니다.

'엄마는 당연히 나를 사랑했을 거야'라는 보편적 지식으로 나를 이해시키며 분명 사랑받은 딸이라 생각하는데, 왜 내 안에서는 이렇게 갈등과 고통이 끊이지를 않는 걸까요? '우리 부모님은 삶이 힘들어서 그랬지, 나를 사랑하지 않은 순간은 한번도 없었어'라고 의식은 나를 설득하고 서사를 부여하지만, 내 깊은 곳의 무의식은 왜 이토록 많은 회한과 정돈되지 않는 감정의 응어리들로 나를 괴롭히고 있을까요? 그 이유는 내가 이미 알고 있는 심층의 진실과 의식의 언어로 나를 설득시킨 진실이 일치하지 않기 때문입니다. 한 개인의 상처나 결핍은 일반적인 심리학 지식에 끼워 맞추어 이해할 수 있는 영역이 아니지요. 개인의 아픔은 오직 그 개인만의 독특함을 가지고 있습니다.

정신 분석은 우리가 가진 무의식을 드러내는 작업이라고도 말할 수 있습니다. 한 인간을 낱낱이 해부하기 위해 판단하고 진단하는 것이 아니라, 내 안 곳곳에 방치되어 있지만 의식하지 못하는 은밀한 것들을 드러내어 이해하고, 또 그 드러나는 과정에서 고통을 함께 견디어 내는 과정이지요. 굳이 그 어렵고 유쾌하지만은 않은 작업을 많은 이들이 하는 이유는 나도 모르게 내가 하고 있을 수 있는 무의식적인 행위들을 의식하는 데 있습니다. 그리고 내가 모르는 나의 무의식, 그림자로부터 내 소중한 사람들을 제대로 보호하고 싶기 때문에 용기를 내기도 합니다. 또는 마음과 행위가 따로따로인 나를 좀 더 이해하고 싶어서이기도 하지요. 이처럼, 정신 분석 작업은 나에 대한 애도 과정이고 새롭게 나를 구성하는 작업입니다.

자식이나 남편에게 나의 고통과 희생을 보상받는 것으로 애도하는 것이 아니라, 비록 내가 잘못해서 벌어진 일은 아닐지라도 이미 내 안에 들어온 상처와 고통을 스스로 책임지며 해결해 나가는 과정이 필요합니다. 꼭 정신 분석 작업이 아니더라도 개인이 할 수 있는 힘을 다해 가족을 위해, 내 아이를 위해 자신을 들여다보는 일을 멈추지 않는 이들도 많습니다. 그것을 할 수 있기에 엄마는, 모성은 다시 거룩함으로, 위대함으로 돌아갈 수 있는 것이지요.

"엄마와 아이의 관계에는 공포와 숭고함이 함께 전개된다."

-줄리아 크리스테바

엄마의 심리 안에 있는 무의식적 어두운 힘이 단순히 모든 것을 장악해 삼키려 하는 것은 아닙니다. 그저 내 깊은 곳의 상처나 왜곡이 무엇인지 제대로 이해하지 못하기 때문에 그것을 무의식의 먹잇감으로 내주고 은밀히 자녀들에게 복수와 장악을 반복하게 되는 것입니다. 우리 안에는 그에 못지않게 소중한 것을 보호하고 지키고자하는 모성의 숭고함 또한 존재합니다. 아직 그것을 제대로 발굴해내고 경험하고 접촉하지 못했을 뿐이지요.

상처투성이
엄마의 사랑법

"내가 내 문제로 가득 차 있는 한,
결코 소중한 나의 사람들을
내 안으로 들일 수가 없다."

베이비 붐 세대에는 딸이라는 이유로 차별을 당하며 자란 여성을 어렵잖게 만날 수 있습니다. 딸을 낳았다는 이유로, 그리고 그 어머니의 딸로 태어났다는 이유로 암묵적으로나 노골적으로 가정 내에서 배척되는 것이 유난스럽지도 않은 시절이 있었지요.

순정 씨는 자신의 문제가 아니라 딸의 문제로 상담실을 찾아왔습니다. 딸이 결혼하고 몇 년 지나지 않아 이혼 위기에 놓여 어찌할 바를 모르겠다고 했습니다. 딸의 상담에 앞서 자신의 상태를 알리겠다고 부모 상담 차원에서 방문을 한 것이지요.

시작부터 오열하며 줄곧 이야기를 이어 나가는 순정 씨의 삶은 그

야말로 살아남기 위한 투쟁이었고, 한순간도 쉬지 않고 열심히 살아 낸 흔적이 역력했습니다. 줄줄이 딸을 낳아 시어른들에게 환영받지 못했던 순정 씨 어머니가 또 막내딸 순정 씨를 낳자 시어머니는 핏덩이인 순정 씨를 찬 아랫목으로 밀쳐 버리셨지요. 순정 씨 어머니는 그래도 꼬물거리는 생명을 포기하지 못해 아이를 안고 동네 교회로 도망치듯 찾아갔습니다. 그곳 목사님이 미음을 끓여 먹이며 간호해 준 덕분에 갓난쟁이 순정 씨와 어머니는 간신히 몸을 회복했지요.

순정 씨는 친할머니의 구박 속에서 제대로 학교도 다니지 못하며 힘들게 유년 시절을 보냈고, 남편도 어렵기는 마찬가지인 사람을 만나 일생을 고생하며 보냈습니다. 하지만 지금은 억척스럽게 노력한 대가로 집도 마련하고 재테크도 제법 잘되어 생활은 꽤 넉넉해졌습니다. 하지만 순정 씨는 쉬지 않고 일합니다. 일하는 순간엔 살아 있는 느낌이 들고, 성실하고 성심을 다해 일하니 주변에서도 늘 찾아와 주어 보람도 있지요. 결혼 초기, 어린아이 둘을 낳고 힘들게 사는 모습을 본 순정 씨 어머니는 딸이 사위 때문에 고생하는 것이 안타까워 아이들을 키워 줄 테니 차라리 이혼하라고까지 했으나, 순정 씨는 그럴 수가 없었지요. 내가 선택한 남편을 버리면 이 남자가 죽을 것 같았고, 어떻게든 결혼과 인생을 실패로 이끌고 싶지 않은 마음에 이를 악물고 살아 냈습니다.

그렇게 열심히 살아왔는데 왜 내 딸이 이렇게 불행해야 하는지 억울하고, 당장 자립할 역량이 없는 딸이 아이까지 데리고 친정으로 들어올 것을 생각하면 모든 것이 막막할 뿐이었지요. 그래서 딸이 이혼을 결정하고 친정으로 왔을 때도 도무지 따뜻하게 품어 줄 수가 없었습니다. 어떻게든 사위와 화해시켜 돌려보내고 싶었습니다.

딸 걱정을 가장한 엄마 자신 걱정

순정 씨가 가장 두려워하는 것이 무엇이냐고 물었습니다. 순정 씨가 두려워하는 것은 놀랍게도 딸의 불행이 아니라 딸의 이혼 때문에 자신이 하던 일을 못 하게 되는 것이었습니다. 딸이 집으로 들어와 아직 어린 손주를 키워 줄 사람이 없으면, 결국 자신이 손주를 키워 주기 위해 일을 그만두어야 한다는 두려움이 순정 씨에게는 압도적일 만큼 컸지요.

순정 씨에게 일은 곧 자기 자신이었습니다. 일을 하는 동안은 자신이 환영받는 느낌과 살아 있는 느낌을 생생하게 가질 수 있었지요. 못 배우고 못난 사람 취급받으며 60대가 훌쩍 넘게 살아오는 동안 무수한 상처를 경험했지만, 일을 하는 동안에는 잊을 수 있고 보상도 받을 수 있었습니다.

그런데 덜컥 자신의 전부인 일을 그만두어야 될지도 모른다는 생각을 하니, 순정 씨에게는 죽음과도 같은 고통과 두려움이 밀려온 것입니다. 순정 씨의 딸은 가장 힘겨운 순간에 친정엄마를 찾아가 기대고 의지하고 싶은데, 엄마의 그런 태도에 상처받고 좌절하면서 울부짖기도 했지요. "내가 그렇게 힘들다고 하는데, 다시 그 집으로 들어가는 게 지옥 같은데, 왜 엄마는 나를 봐주지 않고 들어가라고만 해?"라고 소리치며 엄마를 원망했습니다.

순정 씨는 아이를 생각해서라도 참아야 한다고, 가정을 잘 지키는 것이 중요하다고 설득도 했습니다. 하지만 냉정하게 이야기해서 순정 씨가 정말 그런 이유 때문에 딸의 귀소를 막는 것이라고 보기는 어렵습니다. 그렇게 자신을 설득하고 있지만, 진짜 딸의 고통보다는 자기 자신을 잃어버리진 않을까에 대한 두려움으로 딸을 소외시키고 있는 것이지요.

순정 씨만이 아니라 우리 누구라도 그렇게 나약하고 취약합니다. 내가 무엇을 두려워해서 무엇을 소외시키는지를 알아차리기만 해도, 모녀 사이에 좀 더 나은 방법을 찾아낼 수 있을 것입니다.

상처투성이 엄마의 사랑법

우리의 이성적인 지식으로는 자식을 위해 목숨도 내놓을 수 있다고 생각하지만, 상처가 많은 엄마일수록 자녀를 있는 그대로의 상태로 바라보고 받아들이기 어렵습니다. 순정 씨가 자신의 상처를 제대로 인식하고 자신의 상태를 접촉할 수 있었다면, 일단 멈추고 딸을 우선 품었을 것입니다. 그리고 딸에게 벌어진 고통과 불행을 어떻게 풀어 나가야 할지, 찬찬히 탐색하며 방법을 모색해 나갈 수도 있었을 것이지요. 우리 인간이 그렇습니다. 우리가 취약해져 있을 때는 무엇을 보호해야 할지, 누구를 보호해야 할지, 지금 내가 무엇을 보호하고 있는지를 전혀 가늠하기 힘들지요.

순정 씨가 자신을 잃어버리진 않을까에 대한 두려움으로 전전긍긍하는 상태는 어른의 심리 상태라고 볼 수 없습니다. 상처나 결핍으로 웅어리진 지점이 크고 많을수록 그 시점에 멈추어 있는 어린아이의 자아가 자신의 존재를 부정당한다고 느끼는 것과 같지요. 순정 씨는 지금 상처투성이인 어린 시절 자신의 눈으로 현재의 딸을 바라보고 있는 것이지, 이미 많은 것을 극복해 왔고 많은 것을 가지고 있는 현재 어른의 시점에서 바라보고 있지 못한 상황이었습니다.

순정 씨가 아프고 고통스러운 이야기들을 쉼 없이 쏟아 내는 모습은 마치 신들린 사람처럼 아무것도 들리지 않고 보이지 않는 듯했습니다. 그리고 그런 자신의 처지와 태도의 정당성을 동의받기 위해 상담실에 들러 저에게도 그럴 수밖에 없지 않느냐고, 동의해 달라고 추궁하는 듯했지요.

저는 순정 씨에게 이렇게 말했습니다.

"서운하시겠지만, 잘 한번 살펴보면 좋겠습니다. 그 시절 순정 씨의 어머니는 시어머니의 박해와 내침에도 순정 씨를 절대 버리거나 놓지 않으셨어요. 그게 사실이지요. 그리고 목사님의 도움으로 함께 살아남으셨고, 순정 씨가 고생하는 걸 보며 아이들을 맡아 줄 테니 이혼하고 돌아오라고까지 어머니는 말씀해 주셨어요. 순정 씨 어머님은 순정 씨를 지켜 내려고 하셨어요. 순정 씨도 너무 힘겹고 지난한 시절을 지나왔지만, 그래도 잘 살아오셨습니다. 지금 순정 씨는 딸이 지옥이라고 말하는 결혼으로 다시 돌아가라고, 딸을 밀어내고 계세요. 왜 그런 걸까요? 무엇이 이토록 두려워서 나는 내 딸이 지금 보이지 않는 걸까요?"

순정 씨는 지금껏 오열하던 울음을 일순간 멈추었지요. 자신의 상태를 온전히 알아차리는 순간이었습니다. 여기서 순정 씨는 자신의 '결핍'감과 실제 결핍을 구분하지 못하고 정서적 오인, 정서적 착각에 사로잡혀 있다는 것을 볼 수 있었습니다. 우리가 살아가면서 상처가 주는 정서적인 충격과 감정에 휩싸여 있을 때는 현실을 있는 그대로 인지할 수 없습니다.

순정 씨의 현실은 무척 고통스러운 것이 사실이었지만, 친정어머니가 결코 자신을 버리거나 놓지 않았다는 현실은 탈락시키고 있었지요. 그 시절 친할머니에게 받은 구박과 보호받지 못했다는 결핍감에 사로잡혀 있는 동안, 정작 자신이 보호해야 할 소중한 사람들을 어디로 몰아내고 있는지조차 인지하지 못하고 있는 상태였습니다. 좀 더 엄밀히 말하면, 순정 씨가 받은 상처는 순정 씨 자신의 것이라기보다, 순정 씨 어머니가 시어머니에게 받은 상처와 박해를 자신의 것으로 떠안고 있었다고 볼 수 있지요. 정확히 말하면, 타자(어머니)의 상처 안에 일생이 갇혀 있는 것입니다.

심층 심리 작업은 고통받는 사람을 무조건 지지하거나 위로하지 않습니다. 아니, 그렇게 해서는 안 됩니다. 무엇이 현실을 제대로 인지할 수 있게 할지, 냉정하게 맞서야 하는 순간들이 있지요. 순정 씨는 위로와 지지, 그리고 동의를 구하러 상담자를 찾았고, 그러한 자신을 마주하는 시간을 만났습니다.

함께 있어 주기만 하면 된다

순정 씨는 60대 후반의 어머니이지만, 젊은 엄마들이 상담실을 찾아 아이 문제를 고민하고 상담할 때도 크게 다르지 않습니다. 자신의 문제를 들여다보기보다 아이 문제를 고쳐 주고 치료해 달라 말하니다. 왜냐하면, 그것이 훨씬 수월하고 편리한 방법이기 때문이지요.

순정 씨의 경우도, 결국 딸은 딸 스스로 자신의 문제를 해결해 나갈 수밖에 없고, 그렇게 해 나갈 것입니다. 아무리 가족이라 하더라도 친정엄마가 해 줄 수 있는 것은 사실 그리 많지 않습니다. 다만, 우리를 좌절하게 하는 것은 엄마의 태도입니다. 무엇을 어떻게 해결해 주지 못한 것 때문이 아니라, 가장 힘들고 막막한 순간에 보이는 엄마의 태도 때문에 좌절하지요.

저의 어린 딸아이에게서도 발견되고, 성인이 된 여러 여성들에게서도 공통적으로 발견되는 한 가지가 있습니다. 바로, 어떤 고통과 시련의 순간에 자신이 혼자가 아니라는 사실을 확인하고 싶어 한다는 것이지요. 현실적인 대안이 아니라, 내가 가장 어려운 순간, 그저 나를 알아주는 '엄마'를 만나고 싶어 하는 것입니다.

내가 내 문제로 가득 차 있는 한, 내가 나의 결핍과 상처들로 사로잡혀 있는 한, 결코 소중한 나의 사람들을 내 안으로 들일 수가 없습니다. 엄마는 아이의 마음을 읽어 주는 것, 그것만 하면 됩니다. 딸들은 끝까지 믿고 끝까지 함께 견디어 주는 누군가가 엄마이기를 원합니다. 그것만 해 주면, 그다음은 스스로 충분히 일어설 수 있습니다.

엄마의 불안이
사라지지 않는 이유

"엄마가 갖고 있는 정서적 불안은
아이들이 감각적으로
먼저 알아차린다."

여성들에게 불안은 영원히 꺼지지 않을 것처럼 늘 짝꿍처럼 붙어 다닙니다. 불안한 생각은 화염과 같아서 한번 지퍼지면 순식간에 번지고 끝없이 다른 곳으로 옮아 붙으며 타오릅니다. 어떤 생각이 어떤 상태로든 떠오를 수 있는데, 우리는 끊임없이 그 생각을 판단하고 평가하고 가치 매기며, 그것에 대한 죄책감을 가지기도 합니다. 그러한 과정에서 생각에 여러 감정이 얼기설기 들러붙지요. 생각과 감정이 복잡하게 뒤엉켜 더 이상 출구가 없을 때, 강력한 감정과 생각을 통제할 수 없을 때, 반드시 몸의 반응으로 나타납니다. 불안은 몸의 여러 가지 증상이나 불편감으로 드러나지요.

내 안의 통제되지 않는 생각과 감정이 신체 증상이라는 출구를 만나 골몰하는 동안, 정신적인 불안에서 편안해지기도 합니다. 그나마 나의 상태를 내 몸으로 드러낸다면 그것은 꽤 다행한 일이지만, 어떤 엄마는 아이의 신체 증상을 통해 자신의 불안과 죄책감을 해소하려 합니다. 선뜻 납득이 안 갈 수도 있겠지만 아이와 엄마, 특히 딸아이와 엄마는 상상 이상으로 밀접하게 몸과 마음이 연결되어 있으므로 엄마 자신보다 먼저 아이가 알아차리는 경우가 많지요.

지그문트 프로이트는 몸의 증상도 하나의 언어라고 말했습니다. 그래서 나의 몸과 내 아이의 몸이 말하는 언어를 주의 깊게 들어 볼 필요가 있습니다. 신체 증상이 발현하면 우선 병원에 들러 진단과 처방을 받아 처치를 해야 하지만, 그냥 몸의 치료와 약 처방만으로 맘 편히 끝낼 일만은 아닙니다. 물리적인 치료를 소홀히 하지 않되, 그 증상이 무슨 말을 걸어오고 있는지 들어야 하지요.

엄마에게 못생겼다고 놀림을 받은 딸아이가 몇 해 지난 후 얼굴 마비를 일으켜 몇 년간 치료에 매달려야 했던 일도 있습니다. 우리의 말과 신체, 그리고 정신은 놀라울 만큼 동기화되어 있습니다. 물론 엄마는 장난삼아 한 말일 수도 있겠지만, 어린아이가 본능적으로 어떤 의미로 받아들이게 될지는 모를 일이지요. 그것이 그 아이에게 수치심과 모멸감을 주었다면, 그 감정이 아이의 깊숙한 곳에 내재하여 여러 가지 증상을 불러일으키기에 충분합니다.

엄마의 불안은 증거를 만든다

소정 씨는 임신 중 극심한 스트레스에 시달렸습니다. 그녀는 스트레스를 제대로 처리하지 못했다는 죄책감에 시달렸고, 아이를 출산한 후에도 혹시나 아이가 어딘가 잘못되진 않았을지 늘 불안해했습니다. 신생아는 흔히 태열 등의 피부염을 겪기도 하는데, 소정 씨는 자신의 상태 때문에 혹여 아이가 아토피에 걸린 것은 아닐까 늘 전전긍긍했지요. 아이가 돌이 될 즈음까지 피부과, 소아과 등 여러 곳을 돌아다니면서 물어봐도 의사들은 한결같이 계절성 습진이라든가, 신생아가 겪는 피부염이지 아토피가 아니라고 했지만, 소정 씨는 의사들의 말조차 선뜻 믿지 못했습니다.

'내가 얼마나 극심한 스트레스를 겪었는데… 그럴 리가 없어. 아토피면 어쩌지?'

아무리 의사들이 아니라고 이야기해도 소정 씨의 불안은 가라앉질 않았고, 1년여를 병원을 전전한 끝에 결국 한 병원에서 아토피 진단을 받고야 말았습니다. 그때 소정 씨의 남편은 이런 말을 했다고 합니다.

"기어이 아토피를 만들어서 속이 시원해? 으이그!"

그런데 놀라운 것은 그다음입니다. 아토피 진단을 받고서는 이상하리만큼 마음이 편안해졌습니다. 여러 의사가 아니라고 할 때는 그럴 리가 없다고 했던 소정 씨가 한 의사가 자신이 그럴지도 모른다고 생각했던 것을 말해 주자, 불안이 멈추었습니다. 소정 씨의 불안이 전문가의 말을 압도하는 순간이라고 볼 수 있지요.

'그럴 줄 알았어. 역시 그렇지. 이제 진단 받았으니 병원에서 처방해 주는 연고와 로션 바르면 되지, 뭐.'

그리고 어느 순간에 보니 아토피가 사라져 있었습니다. 그 이유는 그 진단 이후로 소정 씨가 더 이상 아이 피부에 관심을 가지지 않았기 때문이기도 합니다.

나의 불안과 죄책감을 아이의 증상을 통해 처리하는 소정 씨의 사례를 잘 들여다보면, 우리가 가진 내면과 무의식적 집요함을 엿볼 수 있습니다. 소정 씨는 임신 중 받았던 스트레스로 태교를 잘하지 못해 언제고 아이가 잘못되지 않을까에 대한 불안이 컸고, 아토피라는 증상으로 확정되는 순간 그 불안이 사라졌습니다. 아이의 신체 증상 안으로 엄마의 불안을 가두었기 때문이지요. 불안이 하는 일입니다.

산모가 좋은 생각만 하면 좋겠지만, 어디 사는 일이 그런가요? 직장맘은 직장맘대로 스트레스를 달고 살고, 전업주부라 하더라도 둘러싼 관계들 안에서 좋은 것만 보고 좋은 것만 생각하면서 살 수는 없는 노릇이지요. 엄마는 아이에게 절대적인 존재이지만, 아이의 모든 것이 나에게서 비롯된다는 생각은 위험합니다. 소정 씨의 스트레스는 시댁과 관련한 것이었고 스트레스 때문에 태교를 잘하지 못했다는 죄책감을 가졌지만, 좀 더 분석적으로 들어가 엄밀히 말하면 시댁을 향한 분노를 아이의 아토피라는 증상으로 복수해 내고 있었다고도 볼 수 있습니다.

죄책감이 죄를 만들기도 합니다. 소정 씨의 죄책감은 비단 임신 중에 받은 스트레스에서만 기인하는 것은 아닙니다. 엄마인 여성은 근본적으로 스스로에 대해 알 수 없는 죄책감이나 수치심을 가지고 있는 경우가 있습니다. 내가 가지고 있지만 의식하지 못한 근본적인 불안과 죄책감, 수치심은 몸의 여러 증상과 현상을 통해 드러내는데, 간혹 아이의 신체 증상을 돌보는 행위를 통해 상쇄하기도 하지요.

아이가 끊임없이 크고 작은 질병을 달고 산다면 한번쯤 의심해 보아야 합니다. 신체 증상의 치료에 매달려 있는 동안 엄마는 자신이 가진 심리적 불안에서 도망가거나 이를 회피할 수 있지요. 엄마가 가진 불안의 정체를 알아차리지 못하면, 아이는 계속 증상을 달고 살아야 할 수도 있습니다.

불안으로 연결된 모녀

양육 초기, 엄마와 아이가 떨어질 때 유독 심하게 불안해하는 아이가 있습니다. 이를 분리 불안이라고 합니다. 보통 아이가 엄마와 떨어지는 것을 힘들어한다고 생각하지만, 엄마가 어린이집이나 유치원에 아이를 맡기는 행위를 불안해하지 않는다면 아이는 비교적 빨리 적응합니다. 엄마는 "우리 아이는 엄마 없으면 안 된다"거나 "나랑 떨어지는 걸 너무 힘들어한다"라고 이야기하지만, 아이보다는 엄마가 어떤 불안을 안고 있지는 않은지 의심해 보아야 할 상황입니다.

엄마의 외적인 태도가 불안해 보이지 않을지라도, 엄마가 갖고 있는 정서적 불안은 아이들이 감각적으로 먼저 알아차립니다. 그리고 그 증거라도 대듯 울고불고 떨어지려 하지 않습니다. 이때 작동하는 엄마의 불안은 좀 더 넓게 확대해서 여성의 불안이라 볼 수도 있습니다. 단순히 내 아이에 대한 애착감을 유지하고 싶어서 느끼는 불안이라기보다, 엄마라는 한 여성이 오래전 유아기, 아동기에 겪고 지금까지 가지고 온 상실과 불안이라 할 수 있지요. 그리고 이 불안은 자신에게 영향을 발휘합니다.

여성이 연애할 때 가장 많이 느끼는 불안 중 하나가 '사랑하는 대상이 나를 떠나지는 않을까, 나를 버리지는 않을까'인데, 이것은 실제 연인에게서 느끼는 불안이라기보다 여성이 근본적으로 가지고 있는 상실과 존재에 대한 불안일 가능성이 더 큽니다. 이렇게 여성은 항상 자신의 존재에 대한 불안을 품고 살지요. 그리고 결혼해서 외연적으로 가정이라는 안전한 울타리 안으로 들어가서도 해결되지 않은 불안은 아이의 분리 불안 또는 격리 불안 등의 현상으로 다시 발화되기도 합니다.

아이가 엄마와 떨어지는 과정은 꽤 어렵고 험난하지만, 대부분의 아이들은 적응해 가기 마련입니다. 하지만 유난히 엄마와 떨어지지 않으려고 발버둥치는 아이가 있다면 우선적으로 점검해야 할 것이 있습니다. 엄마 자신의 내적 불안입니다. 초등학교 저학년인 여자아이가 학교에서 늘 엄마 걱정을 한다는 어느 교사의 말을 들은 적이 있습니다. 엄마는 아이를 걱정하고 아이는 엄마를 걱정하지요. 엄마와 아이가 불안으로 서로 긴밀한 관계를 맺고 밀착하고 애착을 유지하면서 한시도 떨어지지 않고 있는 것입니다.

사랑받지 못했지만,
사랑할 수는 있다

> "아이는 자신을 포기해서라도
> 안전한 보호자를
> 만나고 싶어 한다."

아이에게 일어나는 모든 일은 결코 엄마 탓이 아닙니다. 그럼에도 불구하고 엄마는 아이의 모든 것입니다.

좋은 엄마가 되려는 노력과 에너지가 실제 아이와 관계를 맺는 방식이 아니라 '좋은 엄마 이미지'를 만드는 데 할애되고 있다면, 아이와 엄마의 관계는 좋은 엄마 이미지에 의해 소외되고 맙니다. 아이에게 필요한 것은 좋은 엄마 이미지가 아니라 나만의 엄마이기 때문이지요. 엄마는 늘 아이에게 '나의 엄마'가 되는 일에 죄책감과 부족함을 느낍니다. 그러다가도 어느 순간에는 강박적으로 엄마 역할에 충실하려고 노력합니다.

이때 세심하게 살펴보아야 할 부분은 나의 노력이 '내가 생각하는 좋은 엄마 이미지와 역할에 있는지, 아니면 실제로 아이와 정서적인 접촉을 경험하는 것에 있는지'입니다. 아무리 좋은 사람이고 모든 사람의 눈에 희생적이고 헌신적으로 보이는 엄마라도 아이 입장에서 나만의 엄마를 느끼는 고유한 접촉을 경험하지 못하면, 아이에게 엄마는 부재하는 것이나 다름없지요. 엄마와의 구체적인 경험과 접촉이 없다면, 아이의 내면은 텅 비고 늘 무언가를 좇아 갈망합니다.

아이에게 엄마는 자신을 비추어 줄 전부이고, 절대자입니다. 아이는 엄마의 시선이 향하는 곳이 어딘지 알고 싶어 하고, 그곳에 있고 싶어 하지요. 특히 딸아이는 엄마의 시선을 따라 아빠를 미워하기도 하고 두려워하기도 하며 사랑하기도 합니다. 즉, 엄마가 시선을 주는 방식을 따라 세상과 조우하고 사람들과 만나지요.

사랑을 얻기 위해 자신을 포기한다는 것

아들에 대해선 '남자아이니까'로 이해되는 부분이 딸에 대해선 집요하리만큼 디테일하게 요구하는 엄마들이 있습니다. 가령, 딸아이가 조금만 시큰둥한 반응을 보여도 크게 서운함을 드러내고, 엄마가 딸을 위해 어떤 노력을 하고 있는지를 알아 달라고 끝까지 보채듯 요구하는 엄마는 사랑을 핑계로 권력을 휘두르는 것입니다. 그리고 아이에게 권력을 지닌 사람이 요구하는 것을 들어주지 않으면 탈락되거나 소외될지도 모른다는 불안을 심어 주지요.

엄마와 아이의 애착 관계가 안정되게 형성된다는 것은 아이가 무엇을 해도 엄마가 자신을 외면하거나 소외시키지 않을 것이라는 믿음이 생긴다는 말입니다. 여기서 이 믿음이 흔들리면 아이 내면에 두려움이 생기고, 엄마 마음에 들기 위해 지나치게 순응하게 됩니다. 이때 엄마가 아이의 상태에 공감하고 지켜봐 주지 못하면, 아이는 이 불안정한 관계에 대한 책임을 자신에게 지웁니다.

아이는 현실적으로 엄마에게 의존하지만, 엄마가 자신을 사랑해 준다면, 보호해 준다면, 울타리가 되어 준다면 무슨 일이든지 할 준비가 되어 있습니다. 보호받기 위해서, 사랑받기 위해서 자신이 온통 상처받고 망가지는 것도 모른 채 누군가에게 삶을 바치는 여성이 얼마나 많은가요? 이렇게 한 여성의 마음속 깊은 우물 안엔 엄마가 있습니다.

성인이 된 후에도 누군가 자신을 믿어 주기만 한다면 하지 못할 일이 없다는 식으로 행동하는 사람을 볼 수 있습니다. 남성을 만날 때 납득하기 어려울 정도로 자신을 망가뜨리면서까지 헌신하고 매달리는 여성도 있습니다. 누군가에게 절대적 보호를 받고 싶다는 메시지이고, 뒤집어 보면 가장 애착하고 보호받아야 할 부모, 특히 엄마에게 정서적이든, 물리적이든 보호받는 경험을 하지 못했다는 이야기이기도 합니다.

종교에 절대적으로 집착하는 경우도 같은 이유입니다. 종교라는 것은 한결같이 나를 보호해 주고 사랑해 주는 신이 존재하는 곳이지요. 독일의 심리학자 슈테파니 슈탈은 이런 문제가 있는 사람은 "자신의 정체성 일부를 포기하면서까지 지나치게 순응한다"라고 이야기했습니다. 특히 아이는 자신을 포기해서라도 안전한 보호자를 만나고 싶어 합니다. 아이에게 안전한 보호는 곧 사랑받는 것이기 때문이지요. 그러나 사랑받기 위해 자신을 포기하지만, 그 포기가 결코 원하는 것을 얻게 하지는 못합니다.

엄마는 안전하다, 사랑할 수 있을 만큼

아버지가 엄마에게 언어적, 신체적 폭행을 가할 때 아버지를 막아서서 엄마를 먼저 보호하는 딸은 자신을 그 상황에 노출된 채로 방치한 부모를 향해 분노하기보다는 엄마를 지켜 낼 수 없었던 자신의 나약함에 죄책감을 느낍니다. 그리고 이는 남성과 지나치게 경쟁하고 남성을 통제하거나 제압하려는 경향으로 나타나기도 하지요. 어린 시절 아버지라는 남성에 대해 느낀 두려움은 어른이 되어 남성을 적대시하거나 남성에게 과도한 방어적 태도를 보이거나 남성과의 경쟁에서 무조건 이기려고 하는 등의 태도로 나타나기도 합니다.

보호받음을 곧 사랑받음이라고 느끼는 아이들이 거꾸로 부모를 보호해야 하는 상황이 되면, 이 아이들에게는 세상이나 타인에 대한 신뢰가 사라지게 됩니다. 아이들에게 애정 욕구 못지않은 것이 있는데, 이는 안전에 대한 욕구입니다. 우리는 사랑만 좇고 있는 듯하지만, 사실은 안전한 관계가 담보되지 않아 벌어지는 갈등과 고통이 얼마나 많은지 모릅니다.

우리는 매슬로우의 욕구 단계 이론에서처럼 5단계를 하나씩 차근차근 획득하면서 나아가지는 못합니다. 어느 한 단계의 과업을 성취하지 못했더라도 건너뛴 채로 또는 결여한 채로 성장해 갑니다. 따라서 안전의 욕구가 해소되지 않아서 마음껏 사랑할 수도, 마음껏 살아 낼 수도 없는 경우가 많지요.

우리는 이러한 안전을 누군가에게 받아야만 하는 울타리로 여기는 경향이 있습니다. 하지만 울타리가 필요한 것은 어린 우리였습니다. 지금은 남편과 아이를 통해 나의 울타리를 만들기보다 내가 그 울타리가 되어 줄 수 있습니다. 그런데도 여전히 타인이 만들어 주는 울타리에 매달리는 모습을 보입니다. 울타리가 되어 줄 수 있는데도 사랑받기를 포기하지 못하니 여전히 아픈 것이지요. 이 혼재된 불안과 상처가 반복적으로 아픔과 갈등을 만들어 냅니다. '언제, 어떻게 외면당하지 않을까?', '언제든 버려지지 않을까?' 하는 불안이 내 삶을 고통으로 채우고 있는데도 애정 욕구를 놓지 못하지요. 안전을 담보하기 위해서라면 고통을 무릅쓰고서라도 포기할 수 없는 것이 사랑이기 때문입니다.

5장

엄마는 엄마면 되고, 아빠는 아빠면 된다

엄마의 남편에 대하여

아내의 태도,
남편의 태도

"진짜 중요한 것은
아내를 정서적으로 이해하려고 노력하는 남편의 태도이고,
노력하는 남편을 알아주는 아내의 태도이다."

한창 〈82년생 김지영〉이라는 영화가 화제가 된 적이 있습니다. 바쁜 와중에도 이 영화는 꼭 봐야 할 것 같은 의무감마저 생겨 영화관에 들렀습니다. 영화를 보면서 무성한 소문들처럼 눈물이 나기보다 오히려 여성이 겪는 현실을 디테일하게 드러낸 장면들을 보며 기분이 침잠하듯 가라앉기만 했지요.

영화는 십수 년 전을 거슬러 아이를 출산하고 3년간 육아에만 몰두하던 시간으로 저를 데려갔지요. 여러 가지 감정과 생각으로 뒤엉켜 복잡했던 시간이었습니다. 아이를 낳은 직후 일주일 정도 밑도 끝도 없이 종일 눈물만 흘렸던 기억이 있습니다. 누군가는 매우 편

하고 손쉽게 산후 우울증이라고 진단할 수도 있겠으나, 분석 과정에서 알게 된 그 눈물의 의미는 산후 우울증도, 호르몬의 영향도 아니었습니다. 그때의 저는 어린 생명을 쳐다보면서 예쁘기도 하고 애처롭기도 하는 등 알 수 없는 복잡한 감정들이 일어나 하염없이 눈물을 흘렸고, 어느 순간에는 내가 다 사라지는 듯한 무력감과 공허함에 빠져서 영화 속 지영이처럼 그저 멍하니 창밖을 바라보았던 일이 적지 않았지요.

영화는 남성과 여성의 이야기라기보다 그저 한 인간의 내밀한 고통과 갈등으로 다가왔습니다. 아이를 출산한 여성은 자의든 타의든 자신의 모든 것을 능동적으로 아이에게 착취당해야 합니다. 아이가 태어나고 2~3년간은 엄마가 자신을 온전히 내려놓고 좀 더 능동적으로 모든 것을 아이에게 내주어야 하는 시간이지요.

엄마의 신체적, 정신적 자원을 아낌없이 가져가는 것은 아이의 당연한 권리입니다. 그럼에도 엄마로서 한 여성이 겪는 그 시기의 심리적 고립감과 상실감, 무력감에는 그저 호르몬의 영향이나 산후 우울증으로 치부하기에는 부족한, 훨씬 더 깊고 복잡하고 내밀한 것들이 존재합니다. 영화 속에서 지영이 보인 빙의와 같은 증상은 그간 억압된 하고 싶은 말들을, 자신의 말뿐만 아니라 친정엄마의 못 다한 말까지도 자신의 증상을 통해 애도하고 있는 것이지요. 한 개인의 섬세한 감정과 상태를 잘 그려 낸 영화였습니다.

아내에게, 남편에게 진정 필요한 것

하루 종일 남편의 퇴근을 기다리는 여성이 단지 아이 돌보는 손이 지쳐 남편에게 바통을 이어 주려는 것일까요? "내가 이만큼 했으니 당신도 이만큼은 해야지. 내 아이가 아니고 우리 아이야. 돕는 것이 아니고 같이 하는 거야"라는 외침만의 의미는 아닐 것입니다. 그런데 그렇게 말하는 여성도 자신이 지금 진짜 원하는 것이 무엇인지를 잘 알아차리지 못한 채 그런 말을 내뱉는 경우가 많습니다.

그녀들이 원하는 것은 남성과 여성의 동등한 가사 노동 분배가 아닙니다. 그 시기에 숨 쉴 수 있는 소통을 하고 고립감에서 탈출할 출구가 되어 줄 상대가 가장 친밀한 사람인 남편뿐이기 때문이지요. 그것이 남편에게서 충족되지 못하기 때문에 그즈음 많은 여성들이 친정엄마에게 많이 의지하는 것입니다.

지친 몸으로 퇴근하고서도 종일 남편을 기다린 아내와 아이를 상대해야 하는 남편에게도 숨 막히는 일상이기는 마찬가지입니다. 중요한 것은 그 일상이 아이를 키우는 부모의 피할 수 없는 시간들이라는 사실을 서로가 얼마나 받아들이고 '능동적 동지애'를 갖느냐입니다. 영화 속 공유는 꽤 자상하고 아내를 아끼는 남성이지요. 그래도 지영이는 아내로서 운이 좋은 편입니다. 현실에선 시댁과의 갈등에서 오히려 아내를 소외시키거나 뒤로 숨어 버리는 남편이 많이 있습니다. 종종 부부 상담을 오는 남편 중에는 "그럼 네가 나가서 돈 벌어. 내가 애 볼게"라고 아내의 투정과 힘겨움을 외면하는 경우도 많지요.

'누가 아이를 더 많이 돌보느냐'처럼 물리적인 분배가 중요한 것이 아닙니다. 진짜 중요한 것은 종일 아이에게 지쳐 있는 아내를 정서적으로 이해하려고 노력하는 남편의 태도이고, 종일 직장 일에 지쳐서 돌아와 조금이라도 함께 아이를 돌보려고 노력하는 남편을 알아주는 아내의 태도입니다.

10년간의 수도 생활을 끝내고, 모두가 반대한 전쟁 같은 결혼을 하고, 둘 다 공부 중에 아이를 낳아서 돌보아야 했던 결혼 초기의 어느 날이었습니다. 남편은 함께 공부하는 동기들과 회식을 하고 야구장에 들렀다가 새벽이 되어서야 들어왔지요. 그날 저는 아침부터 무력감과 고립감에 유난히 힘들었고 남편을 기다리다 지쳐 아이와 함께 깜빡 잠이 들었습니다. 돌아온 남편을 보고 "오늘은 기다리는 것이 너무 힘들었다"라고 말하고는 다시 아이를 품고 누웠지요.

그런데 아이와 저를 내려다보던 남편이 눈물을 뚝뚝 흘리며 앉아 있었습니다. 종일 그 멍한 눈빛으로 아이를 안고 자신을 기다렸을 생각을 하니 가슴이 무너지도록 미안하고 아프다고 하염없이 내 머리를 쓰다듬으며 울고 있었지요. 그때는 남편도 울고, 등을 돌리고 돌아누운 저도 울었습니다. '힘든 수도 생활도 활기차게 잘해 나가던 남편과 나였는데, 요 작은 생명 하나를 돌보는 일이 이렇게 버겁고 힘들구나. 요 작은 생명 하나를 지켜 내고 살아갈 앞날을 생각하니 이렇게 막막하고 두렵기만 하구나' 하는 생각들로 울었던 날입니다.

우리의 기억에 남는 것은 '그 사람이 얼마나 나를 도와 함께 희생했느냐'보다 '그 사람이 얼마나 나의 고통과 무력감을 이해하기 위해 노력했느냐'입니다. 무수한 날들을 남편과 갈등하고 반목하며 지내다가도 그때 남편의 손길과 울음의 진정성을 믿기에 함께 잘 살아가고 있습니다. 물론, 취중이었고 자기 설움에 복받쳐 그랬을 가능성이 더 높지만요.

의심과 혼란이 새로운 삶으로 인도한다

출산 후 2~3년간은 여성들이 심리적으로 가장 고립되고 우울해지는 시간입니다. 아이를 출산하고 그 아이를 감사와 축복으로 여기며 행복해해야 한다는 여성의 이미지는 사회가 만든 환상이기도 합니다. 가부장적 사회 안에서 여성만 무조건 피해를 겪는다는 뜻이 아닙니다. 여성과 남성의 구조가 어쩔 수 없이 다른데, 그 다른 구조가 우리나라 특유의 사회 분위기나 전통과 만나서 특별한 피해자를 만드는 경향이 있다는 것이지요.

출산 후 우울감을 호소하는 여성에게 단지 호르몬의 영향이니까 약물로 간단하게 상태를 끌어올릴 수 있다는 조언만큼 무책임한 것이 있을까요? 24시간 중 한순간도 나 자신에게로 돌아올 틈 없이 나 아닌 다른 조그만 생명체에게 집중하는 일은 아무리 소중한 내 새끼라 하더라도 정신적으로나 육체적으로 아주 묘한 상실감과 무력감, 숨 막힘 등을 경험하게 합니다. 출산 후 내가 사라지는 듯한 느낌, 막연한 두려움, 불안으로 상담실을 찾는 경우도 많습니다.

이 사회는 모성이 마치 여성의 사람됨의 필수 조건인 듯 '무조건 어떠해야 한다'라는 당위성을 많은 이미지로 만들어 내고, 그 이미지에 의해 개인을 소외시킵니다. 남성도 마찬가지입니다. 남자는 이래야 한다는 이미지와 사회적 조건이 얼마나 많이 존재하며, 그에 따라 속이 곪아 가고 있는지도 의식하지 못한 채 조직에 영혼을 팔고 있는 남성이 얼마나 많은지 모릅니다. 자신이 우울한지도 모른 채 게임과 야구 중계에 몰두하기도 하지요.

어떤 누군가로부터, 어떤 이미지로부터 소외된다면, 그가 여성이든 남성이든 약자이고 피해자가 될 수밖에 없습니다. 우리는 왜 '여성은, 엄마는 이래야 하고 남성은, 가장은 이래야 한다'라는 무수한 명제들에 대해 의심하지 않을까요? 누군가가 나에게 부여한 역할, 사회가 만들어 놓은 이미지를 한번쯤은 의심하고 혼란스러워 해야 하지 않을까요? 그 역할과 이미지를 만족시키기 위해 정신없이 살아

가다가도 마음의 혼란과 갈등이 찾아온다면, 그것이 정말로 내가 원하는 것인지, 타인이 나에게 원하는 그것을 나도 진정으로 원하는지 의심해 보아야 하지 않을까요?

의심과 혼란이 나를 또 다른 새로운 길을 찾도록 안내합니다. 갈등과 공허 속 깊은 의심은 나를 나답게 살 수 있는 어떤 장소로 데려갈 가능성이 높지요.

남편 흉은 어떻게
딸에게 비수가 되는가

> "엄마는 남편에 대한 독설과
> 회한, 불만을 아들보다는 유난히
> 딸에게 쏟아 내는 경향이 있다."

당신은 어떤 아버지를 아버지로 두고 있는가? 내가 알고 있는 아버지는 내 아버지인가, 아니면 엄마의 남편인가?

엄마의 말과 태도, 비언어적인 메시지는 아버지와 딸의 관계를 가로막고 딸에게서 아버지를 지우기도 합니다. 많은 딸이 기억하는 아버지는 내 아버지가 아니라 엄마의 남편입니다. 상담실에서 자신이 얼마나 힘들었는지를 웃으며 이야기하다가도, 엄마 이야기만 나오면 눈물을 흘리는 여성이 많습니다. 엄마만 생각하면 그 삶이 너무도 안쓰럽고 애틋하여 눈물부터 나고 목이 멥니다.

흥미로운 일화를 들은 적이 있습니다. 한 아버지와 아들이 있었습니다. 아버지와 아들은 아들이 어린 시절부터 늘 서로 으르렁거리며 적대시해 왔지요. 아들이 서른 즈음 되던 어느 날, 엄마와 아버지는 심각하게 부부 싸움을 했습니다. 그러고는 엄마가 일주일 동안 집을 비웠지요. 집에 덩그러니 남겨진 아버지와 아들이 처음엔 어색해하다가 어쩔 수 없이 데면데면 식사를 하게 되고 이런저런 이야기를 나누게 되었습니다. 아들은 그간 아버지의 말 못 할 고민과 고통을 처음으로 알게 되고 이해도 하게 되었다고 합니다. 아버지도 그간 아들의 속상함과 힘겨움을 듣게 되었고, 드라마틱한 화해까지는 아니지만 무언가 서로를 이해하는 계기가 되었다고 합니다. 엄마의 부재 덕분에 아버지와 아들이 뜻밖에 화해를 하게 된 것이지요. 그 이후에는 아버지와 엄마가 싸울 때 아들은 한 발짝 뒤로 물러섰습니다. 이전까지 엄마 편에서 생각하고 행동하던 패턴이 달라진 것이지요.

'중재자' 엄마의 반칙

이 에피소드는 특정한 한 가족의 이야기가 아니라, 주변에서 꽤 빈번하게 만날 수 있는 이야기입니다. 가부장적인 한국의 가정에서 엄마는 아버지와 아이들의 중재 역할을 하는 경우가 많지요. 저도 어릴 적부터 아버지에게 직접 무언가를 이야기하는 것은 늘 어렵고 불편하니 엄마에게 이야기하고 엄마는 아버지에게 이야기한 다음 아버지의 의견을 제게 전달하곤 했습니다.

우리 아버지 세대도 아이들과 어떻게 관계를 맺어야 할지 잘 모르다 보니 편의적인 선택을 하지요. 아내에게 전달하는 방식으로 아이들과 관계를 맺고, 복잡한 이야기가 나오면 엄마와 이야기해 보라고 슬쩍 밀어 버리기도 합니다. 이럴 때 엄마는 아버지와 아이 사이에서 중재한다는 이유로 중간에 서지 않도록 노력해야 합니다. 그들이 직접 갈등을 해결할 수 있도록 자리에서 물러서 주어야 합니다. 부정적인 이야기든 긍정적인 이야기든 엄마의 말을 통해 아버지와 접촉하는 것이 아니라, 둘이 직접 접촉할 수 있도록 해야 하지요.

아이들과 아빠가 직접적인 관계를 잘 맺고 그들만의 소통 창구를 잘 유지하고 있을 때, 은근히 불안해하는 엄마들도 있습니다. 이는 가정 내에서 자신의 위치가 흔들리진 않을까, 내 존재감이 이들 사이에서 약화되지는 않을까에 대한 무의식적 불안이지요. 남편에 대한 분노가 심할 때는 문제가 심각합니다. 엄마의 말이나 행동, 시선 등은 아이들에게 직접적인 영향을 주기 때문이지요.

딸은 흔히 아빠와 다른 유형의 남자를 결혼 상대로 정하는 경우가 많은데, 다른 말로 하면 엄마가 원하는 남자를 내 남편감으로 정해 놓는다는 이야기입니다. 분석 작업을 하다 보면, 엄마에겐 형편없는 남편일 수 있지만 아빠로서는 나쁘지 않았던 경우도 종종 있습니다. 엄마와 아빠의 문제는 그 둘이 해결해야 하는데도, 딸은 그 문제를 자신의 문제로 받아들이는 경우가 너무나 많습니다. 이상하게도 그 상황에서 아들은 완전히 엄마 편이 되거나 아니면 완전히 열외되어 있는 경우가 많은데, 이 또한 엄마의 태도에서 비롯됩니다.

엄마는 아이들에게 첫 대상이자 절대적인 대상입니다. 엄마가 좋은 엄마이든 나쁜 엄마이든 예외가 없습니다. 엄마가 뿜어내는 남편에 대한 분노는 단지 딸에게 아버지의 자리만 지우는 것이 아니라, 딸이 남자와 맺는 관계에까지 개입하는 결과를 가져옵니다. 엄마들이 유난히 아들보다는 딸에게 남편에 대한 독설과 회한, 불만을 쏟아내는 이유가 무엇일까요? 아들보다 딸이 더 엄마를 향해 몸을 돌리고 있기 때문이지요.

"넌 늘 아빠 편이구나"

일생을 희생과 고통으로 살아왔다고 생각하는 엄마가 자신의 삶을 연민하며 "남자들은 다 똑같다, 믿을 수 있는 남자는 없다"라는 말을 끊임없이 딸에게 늘어놓는 경우가 있었습니다. 다 자란 딸이 정말 좋은 남성을 만나 행복한 순간에도 불쑥불쑥 의심이 들기 시작했다고 합니다. 그리고 그 의심은 증거를 찾기 시작하지요. 연인과 혹은 남편과 즐겁고 만족스러운 순간에도 그것을 즐기고 누리기보다는, '무언가 있지 않을까' 자꾸 의심하고, 약간의 부정적인 요소만 보여도 '역시 그런 건가? 이 사람도 그런가?'라는 생각으로 이어지곤 하지요. 그래서 결국 '그럴 줄 알았어, 너도 똑같지!'라는 증거를 찾아내고야 맙니다.

이것은 단지 엄마의 말 때문에 우리의 내적 신념이 형성되기 때문이라는 말로 끝낼 수 있는 문제가 아닙니다. 엄마의 그 말은 딸이 어떤 남자를 만나서도 행복해지지 않아야 한다는 암시와 다르지 않기 때문이지요.

"너는 항상 아빠 편이구나. 너는 너밖에 모르는구나."

엄마에게 마음을 완전히 닫아 버린 딸은 이런 말을 종종 듣곤 했습니다. 엄마와 이야기를 하거나 혹 다툼이 생길 때 그 끝에는 항상 무력감과 숨 막힘이 느껴졌습니다. 모든 결론은 '네가 아빠 편이니 너는 엄마와 한편이 될 수도 없고 엄마를 이해하지 못하니 나쁜 딸이야'라고 말하는 듯합니다. 더 이상 아무것도 할 수 없는 상태로 딸을 가두어 버리며 갈등을 억지로 종결시키는 엄마 말의 패턴이지요.

아빠 편이 되면 왜 안 되는 걸까요? 딸의 입장에서 엄마도, 아빠도 자신과 연결된 부모인데 정작 부모는 자식들의 편 가르기를 아무렇지 않게 자행합니다. 위 사례에서처럼 편 가르기가 아이들에게 어떤 영향을 미칠지 전혀 생각하거나 고려하지 않는 엄마의 말을 잘 살펴보면, 오히려 엄마는 자신만 생각하고 있습니다. "넌 늘 아빠 편이구나"라는 한마디는 딸을 옴짝달싹하지 못하게 만들고 엄마 자신을 약자, 피해자의 위치에 놓습니다.

아빠 편을 들 수도 있고 엄마 편을 들 수도 있지만, 진짜 문제는 어느 한쪽 편을 들지 않으면 안 되도록 부부의 다툼이나 갈등에 아이들을 이용하는 것이지요. 아이들을 부추겨서 남편을 움직이려 하거나, 아내에 대한 정서적인 역할을 딸에게 떠넘기며 자신은 슬쩍 빠져나가는 남편의 경우도 마찬가지입니다. 배우자인 남편의 흉을 끊임없이 쏟아 놓으며 딸을 감정받이로 사용하는 엄마는 단순히 감정을 받게 하는 것이 아니라, 딸이 훗날 남성과 정상적인 관계를 맺는 데 어려움을 겪게 만듭니다. 남편을 미화해서 아이들에게 말할 필요도 없지만, 엄마의 말로 굳이 아버지의 자리를 지우거나 아버지를 가해자나 나쁜 사람으로 보이게 만들면 가장 큰 피해를 보고 그 대가를 치르는 사람은 남편이 아니라 아이들입니다. 물론, 이것은 아버지에게도 마찬가지로 적용되지요.

'절대자' 엄마의 말

"내가 너희 때문에 네 아버지와 이혼하지 못했다"라는 엄마의 말을 듣고 자란 자녀들이 참 많습니다. 어머니들은 그 말의 무게가 어떠한지 가늠하려는 노력은 해 보았을까요? '너희를 위해 내가 희생했다. 그러니 너희가 아버지처럼 나를 힘들게 해서는 안 되고 잘해야 한다'라는 의미와 '너희가 잘하지 못하면 언제든 너희를 버리고 이혼할 수 있으니 알아서 하라'라는 암묵적인 메시지로 자녀들은 받아들입니다. 혹시라도 내가 잘못해서 엄마, 아빠가 이혼할지도 모른다는 두려움에 아이들은 전전긍긍 엄마의 상태를 살피고 엄마 눈 밖에 나지 않으려고 노력하지요.

엄마인 내가 하는 말들을 곰곰이 잘 살펴보고 돌아볼 필요가 있습니다. 말에는 욕구와 요구, 그리고 기대와 욕망이 내포되어 있습니다. 우리가 비교적 정상적인 삶을 살고 있다면, 그것은 언어가 없는 유아 초기, 신체와 감각만 있는 융합의 세계에서 언어의 세계로 제대로 진입했다는 뜻입니다. 정신 구조가 구조화된 언어가 유입되기 이전의 세계에 머물러 있을 때, 조현병 등 여러 정신증적인 현상들을 겪게 됩니다. 언어의 세계로 진입했다는 것은 지극히 언어의 지배를 받는다는 의미이기도 하지요. 언어와 인간의 몸, 그리고 정신은 결코 따로 분리해서 생각할 수 없습니다. 그중에서도 아이에게 절대적

인 힘을 발휘하는 것이 '엄마의 말'과 그 말 속에 내포된 의식적, 무의
식적 함의들입니다.

아이의 발달 단계를 보면, 엄마와 아이가 온전히 융합되어 있는 상
태인 영아기를 지날 무렵 언어가 유입되고, 그 언어에 의해 억압이
시작되면서 무의식이 출현합니다. 아이에게 절대자인 엄마의 말은
아이의 의식에서 신념으로 구조화되는 것에 그치지 않고 의식의 저
밑에까지 가라앉아 알 수 없는 암시와 충동을 일으키지요.

아버지의 빈자리를
채우는 법

"어머니가 아버지를 잃은 슬픔을
상징적으로 드러내지 않는다면, 자녀는 어머니 대신
아버지를 애도해야 하는 부담을 짊어진다."

한 여성은 밤에 불을 끄고 자지 못하는 공포증을 갖고 있습니다. 나이가 40대가 되었지만, 혼자 있을 때 불을 끄면 왠지 귀신이 나타날 것 같은 공포감에 압도된다고 합니다. 그녀에게 귀신은 어떤 존재일까요?

그녀가 연상하는 귀신은 우리 모두가 알고 상상하는 귀신과 또 다를 수 있습니다. 그녀만의 귀신에 대한 상이 있지요. 그저 어두운 것을 무서워하는 무서움증 정도로 이해하는 경우도 있겠지만, 그녀가 왜 그토록 어둠 속에 혼자 있을 때 귀신이 나타날 것 같은 상상적 두려움을 견뎌 내지 못하는지, 개인적 차원으로 이해하고 접근해야 합니다. 그녀의 공포증뿐 아니라, 여성들 중에는 밤에 혼자 있으면 도둑이 침범해 들어올 것 같은 반복적인 두려움에 시달린다거나 여러 가지 신체적인 증상을 경험하기도 합니다.

그녀가 태어났을 때 이미 아버지가 계시지 않았다고 합니다. 그녀가 전해 들은 아버지는 세상에 둘도 없을 만큼 무책임한 사람이었고, 살아 있는 동안 거의 엄마 곁에 붙어 있지 않았으면서 어린 자식을 넷이나 남겨 놓고 훌쩍 하늘로 떠나 버렸지요. 네 자식을 홀로 키워야 했던 엄마의 고통은 말로는 다 할 수 없는 것일 텐데, 엄마는 너무나 아무렇지 않게 행동했습니다. 어머니로서는 삶의 무게에 압도당하지 않기 위한 몸부림이었을 것입니다.

대리언 리더는 《우리는 왜 아픈가》에서 "어머니가 아버지를 잃은 슬픔을 상징적으로 드러내지 않는다면, 자녀는 어머니 대신 아버지를 애도해야 하는 부담을 짊어진다"라고 말했습니다. 이처럼 어머니가 드러내지 않은 슬픔은 자식이 대신 애도해야 하는 짐이 될 수도 있습니다. 그녀의 어머니는 남편의 부재라는 현실을 끊임없이 회피했고, 그 감정과 슬픔, 두려움과 공포의 무게는 자연스럽게 자식에게, 특히 엄마와 깊이 밀착되어 있던 딸에게 전가되었지요. 설령, 그런 아버지를 비난하더라도 어머니가 중심을 잡고 자녀들을 든든하게 지키는 심리적 울타리 역할을 했다면, 그녀가 공포증이라는 증상으로 아버지를 소환해 내지 않았을지도 모르지요.

아버지와 로고스

아이들에게 아버지의 위치와 상징성은 아버지가 실존하든 실존하지 않든 상관없이 법과 질서, 금지를 통한 내적 울타리를 만듭니다. 여기에는 금지, 통제와 함께 안전과 보호의 기능도 함께 내포되어 있지요. 아버지의 상징성은 그리스도교에서 말하는 로고스의 의미를 떠올려 보면 좋겠습니다. 그리스도교의 로고스(Logos)는 '말씀'으로 법과 질서, 계율과 기준, 원칙 등 사람이 사람으로 살아가도록 만드는 지표 같은 것입니다.

유아에게 언어가 유입된다는 것은 쾌락적 존재이기만 했던 아이가 더 이상 쾌락과 충동만을 추구할 수 없는 금지의 영역으로 들어가게 된다는 뜻이기도 하지요. 우리는 모두 내면 안에 로고스를 가지고 있습니다. 융 심리학에서 말하는 남성성, 즉 아니무스가 곧 로고스입니다. 칼 융에 따르면, 여성 안에도 남성성인 이 로고스가 존재합니다.

우리가 신을 아버지라 부르는 것은 생물학적인 남성이 아니라 상징적인 의미에서의 로고스를 의미합니다. 아버지라는 상징적 존재가 법과 질서, 기준과 길을 제시하는 로고스이기 때문이지요. 그렇기 때문에 아버지가 실존하지 않는 경우라도 엄마의 말과 언어 안에 아버지의 기능은 함께 내포되어 있습니다. 반면, 아버지가 실존하더라도 그 기능을 전혀 하지 못하면 아버지의 부재를 겪을 수도 있지요.

증상으로서의 아버지

아버지가 없는 어머니의 고통과 괴로움, 혼자 남겨진 어머니의 두려움과 집요한 한은 그녀에게 귀신처럼 달라붙어 그녀를 집어삼키고 있었습니다. 아버지는 이미 없는 존재였지만, 어머니를 통해 만나는 아버지는 엄마를 괴롭히고 다른 여성에게 가기 위해 자식과 가족을 버린 무책임한 사람이었지요. 아버지의 배신과 부재로 처절하게 고통받으며 어떻게든 버텨 내려 했던 어머니의 삶이 그녀의 삶을 온통 압도하고 있었습니다. 그녀는 어머니와 동일시되어 남편에게 보호받지 못한 두려움과 고통, 결핍을 처절하게 경험했지요.

그나마 그녀에게 어머니는 한과 고통으로라도 접촉하고 있었으나, 아버지의 자리는 '무서운 공백'으로만 남겨져 있었습니다. 그 공백을, 아버지의 부재를 그녀는 공포증을 통해 끊임없이 확인하며 자신에게 아버지의 보호가 필요했다고 호소하고 있었는지도 모릅니다. 말하자면, 아버지가 부재해서 공포증이 생긴 것이 아니라 공포증을 통해 아버지와 함께 있는 것입니다. 의식의 차원에서는 공포증이 힘겹지만, 무의식의 차원에서는 그 공포증(아버지)을 쉽게 포기할 수 없는 것이지요.

다만, 모든 공포증을 아버지의 부재로 일반화해서 적용하거나 이해할 수는 없습니다. 정신 분석의 관점에서는 어떤 일반화도 용인되지 않습니다. 개인의 역사와 현재는 저마다의 고유함으로 충분히 이해되어야 풀 수 있는 암호이기 때문이지요.

아마도 정신과 병원을 찾아가면, 공포증을 완화하기 위해 약물을 처방할 것입니다. 정신 분석의 입장에서 보면, 약물 처방은 그녀가 무의식적인 증상을 통해 함께 있으려고 하는 아버지를 제거하는 것이 됩니다. 중요한 것은 증상이 아니라 그 증상을 통해 그녀가 드러내고자 하는 것인데요. 그녀의 증상은 상징입니다. 아버지가 필요했고, 어떠한 방식으로라도 아버지를 소환하고 함께 있고자 한다는 것을 의식적으로 알아차려야 더 이상 공포증을 그 방법으로 사용하지 않을 수 있습니다. 약물로 증상을 억압한다면, 아마도 그녀의 아버지는 다른 방식으로 출현할 것입니다.

여성들에게 증상을 통해 아버지와 함께 있는 경우는 다양한 모습으로 발견됩니다. 병으로 돌아가신 아버지의 죽음에 의문을 품은 딸이 집요하고 비일상적으로 보일 만큼 의학 자료를 파고들어 생활과 직접 관련이 없는 의학 공부를 오랜 시간 붙들고 놓지 않는다든지, 아버지가 돌아가시고 난 후 어머니를 돌보겠다고 모든 것을 접고 어머니와 함께 아버지의 빈자리를 공유하며 곁을 떠나지 않는다든지 등이 그 예입니다. 어떤 경우에는 엄마의 존재는 유령처럼 모서지고 실제 아버지 곁에서 자신의 삶을 다 포기한 채 아버지의 아내, 딸 역할을 소화해 내며 살아가는 딸도 있습니다.

아이는 '어른'을 원한다

반면, 사회적 지위와 학식을 성취했으면서도 가정에서는 로고스로서의 아버지 기능을 상실한 남성이 말할 수 없을 만큼 많습니다. 사회적으로 성공하거나 경제적으로는 남부럽지 않은 지위에 올랐지만, 아버지로서, 로고스로서 아이들이 의존할 수 있는 기준과 법을 제공해 줄 만한 어른을 찾기가 어렵다는 것은 몹시 비극적인 일이지요.

몇 해 전에 서울 금천구에 있는 탈학교, 탈가정(가정을 이탈해서 쉼터나 거리에 있거나 학교를 다니지 않는) 아이들을 상대로 서울 불교 대학원 대학교의 상담 센터에서 지원 사업을 한 결과를 지도 교수님께 전해 들은 적이 있습니다. 청소년 아이들에게 공통적으로 드러난 소망은 경제적으로 부유해지거나 행복해지고 싶다는 것이 아니라, "믿을 수 있는 어른이 있었으면 좋겠다"였습니다. 놀랍고 부끄러운 결과였지요. 인간을 탐색하고 정신 분석을 연구한다는 저도 학습 능력과 경제력이 부족한 층위의 아이들은 당연히 경제적인 부유와 안락함을 꿈꾸지 않을까 생각했는데, 그것이 편견임을 알아차리고 너무도 부끄러웠지요. 그리고 상황이나 맥락과 무관하게 모든 인간이 가진 내적인 요구와 통찰에 놀랐습니다.

이때 로고스로서 아버지는 성별로서 남성을 이야기하는 것이 아님을 분명히 밝혀 둡니다. 가정 내에서 생물학적인 남편이 이 역할을 하고 있지 못하다면, 그를 탓하거나 비난하고 안타까워하며 시간을 보내기엔 아이들이 성장하는 속도가 너무 빠릅니다. 그것은 엄마도 충분히 할 수 있는 일입니다. 아이들이 원하는 것은 깜깜한 가운데서도 길을 잃지 않고 앞을 보며 걸을 수 있게 인도하는 로고스로서의 어른입니다. 멋지고 훌륭한 어른이 아니라 신뢰할 만한 어른, 인격을 만나는 일이지요.

엄마의 물러남과
아빠의 나아감

"아버지를 엄마와 아이의
2자 관계 안으로 들여놓는 것은
엄마의 초대와 물러남이 있어야 가능하다."

30대 중반의 한 여성은 밤사이 자신의 피를 모두 바꾸는 꿈을 꾸었습니다. 함께 꿈을 탐사하면서 알게 된 것은 그녀의 깊은 곳에 뿌리내린 수치심이었고, 그 수치심은 아버지에서 기인한 것이었지요. 아버지는 상징적인 의미로 나의 뿌리이고 사회적으로는 신분을 말하기도 합니다. 이미 사회적으로 남부럽지 않은 전문직 여성인 그녀가 끊임없는 수치심에 시달리며 꿈을 통해 자신의 몸속에 흐르는 모든 피를 바꾸어서라도 뿌리를 바꾸고 싶어 한 것입니다. 자신의 커리어를 빛내 줄 사회적 아버지를 욕망하면서도 현실적인 아버지는 부끄럽게 여기고 있기 때문이었지요.

그녀의 마음 구조에는 왜 그런 보이지 않는 혈통 계급이 존재하게 되었을까요? 그리고 그것은 과연 그녀 개인만의 현상일까요? 누구보다 성실하게 살아왔고 자신의 삶에 만족하고 자유롭게 살아갈 수 있는데도 무의식 깊은 곳까지 뿌리내린 혈통에 대한 속물적 욕망은 사사건건 그녀의 발목을 붙들고 늘어졌습니다. 어쩌면 부모와 사회적 이미지가 낳은 결과일 수도 있지요. 그녀는 어쩌면 이 사회의 가부장적 시선이 낳은 피해자일 수 있습니다.

'SKY 캐슬' 심리학

한창 이슈를 일으켰던 드라마 〈SKY 캐슬〉에 대해 이야기해 봅시다. 극 중 한서진(염정아 분)의 딸 예서는 엄마의 욕망의 산 제물이 되어 살지만, 철저히 엄마와 공모 관계에 있기도 합니다. 엄마의 욕망을 동일시함으로써 자신을 실현하고자 시도하지요. 한서진은 신분 세탁을 해서라도 흠결 없는 아이를 만들고자 합니다. 흠결 없는 아이를 통해 자신의 결핍과 욕망을 실현하고 싶은 엄마와 딸은 순수한 혈통, 피에 대한 자부심과 오만함을 보여 줍니다. 한서진의 욕망은 시어머니(정혜리 분)의 욕망을 계승하고 결탁한 것이며, 딸인 예서에게까지 전수하는 계보를 보여 줍니다.

한서진의 대사 중에 유독 유의미하게 와 닿는 것이 있었지요.

"그래야 우리 아이들이 적어도 나처럼은 살 테니까!"

여기서 '나처럼'의 기준은 무엇일까요? 그 기준은 타인의 시선입니다. 그런데 문제는 타인의 시선에 드러나는 번듯한 모습과 달리, 정작 그녀 자신의 고유한 삶은 철저히 소외되어 있고 불안으로 가득 차 있다는 것입니다.

한편, 이 드라마를 주제로 쓴 어떤 기사를 본 적이 있습니다. 드라마의 흥행을 보고도 교육부에서 가만히 있는 것은 말도 안 된다는 내용이었지요. 그 마음은 충분히 이해할 수 있습니다. 그러나 무조건 바꾸라고 아우성친다고 구조가 바뀌는 것은 아닙니다. 제도와 구조가 변화해야 하는 것은 사실이지만, 한국 사회의 구조를 바꾸고 제도를 수만 번 바꾼다 해도 엄마의 욕망은 사라지기 어렵습니다. 구조 이면으로 흐르는 인간의 욕망을 알아차리고 자신의 욕망을 이해하려는 노력이 없다면, 구조를 바꾼다 한들 무의미해집니다. 모성이 가지는 서슬 퍼런 욕망은 어떤 구조도 뚫고 나갈 것처럼 보이는 것이 진짜 현실이지요. 뫼비우스의 띠처럼 개인과 구조는 따로 떼어 놓고 이야기할 수 없습니다.

엄마와 아이의 철통같은 2자 관계

부모 상담을 한창 진행할 때 흔히 듣는 이야기가 하나 있습니다.

"아이가 좋아서 하는 것뿐이에요."
"저는 그렇게 극성맞은 엄마는 아니에요."
"저 같은 엄마도 사실 별로 없을걸요. 다른 엄마들에 비하면….."

자신이 그 다른 엄마들에 속할 수 있다고는 결코 생각하지 않습니다. 차라리 드라마 속 한서진은 오히려 자신의 욕망에 대해 매우 솔직합니다. 만약 그녀처럼 대놓고 욕망을 드러낸다면, 아이는 그런 엄마를 받아들여 예서처럼 엄마와 한편이 되거나, 아니면 아주 다른 길로 가거나, 오히려 선택하기 쉬워질 수 있습니다.
하지만 속으로는 어마어마한 욕망을 품고 있으면서 밖으로는 그렇지 않다고 스스로 속이면서 사는 엄마가 많습니다. 아이는 그럴 때 내적 분열을 겪습니다. 그것은 비단 공부나 학업에만 국한되지 않습니다. 엄마의 욕망은 아이와 밀접하게 연관되어 있습니다. 아이는 엄마자신보다도 엄마의 욕구나 욕망을 먼저 알아차리기도 합니다. 나의욕망을 무의식중에 아이에게 투사해 놓고 책임은 슬쩍 아이에게 미루어 놓습니다. 그러다 나중에 탈이 나면 이렇게 이야기하지요.

"네가 원했잖아. 네가 좋다고 했잖아!"

이쯤 되면 아이는 빠져나갈 어떤 통로도 잃게 됩니다. 우리 스스로 탐색하거나 솔직해지기 어렵다면, 의심이라도 해 볼 수 있어야 합니다.

그렇게 엄마와 아이의 밀착된 2자 관계, 엄마의 욕망을 매개로 철저히 연결되어 있는 아이와의 관계에서 극 중 예서 아빠(정준호 분)는 철저히 배제되어 있습니다. 정신 분석에서는 이것을 매우 중요하게 봅니다. 엄마와 아이의 강렬한 2자 관계에 아버지가 적절하게 개입하지 못할 때, 아이는 여러 가지 정신적인 증상과 혼란을 겪게 됩니다. 극 중 예서가 단지 엄청난 압박과 스트레스만으로 기이한 행동과 불안, 강박적 증상을 나타내는 것은 아니라는 이야기지요. 엄마의 욕망이 폭발적으로 자신을 집어삼키고 제어력을 잃으면 그 대가는 아이의 정신적 현상으로 나타나기 마련입니다.

반드시 실제 아버지의 존재가 있어야만 하는 것은 아닙니다. 상징적인 아버지의 목소리, 역할, 개입도 엄마와 아이의 2자 관계에 균열을 내고 아이가 좀 더 건강한 정신적 상태를 이어 가도록 할 수 있습니다. 아버지가 실재하더라도 예서 아빠처럼 엄마와 아이의 2자 관계에서 유령 같은 아버지인 경우는 우리 주변에 무수히 많습니다. 경제적 책임을 지는 것만으로 아버지 역할을 다하고 있노라 여기는 아빠도 많습니다. 그런데 아버지를 2자 관계 안으로 들여놓는 것은 아버지의 힘만으로는 불가능합니다. 엄마의 초대와 물러남이 있어야 가능하기 때문이지요.

아버지의 자리 찾기

꽤 많은 가정에서 아버지들은 아이와 엄마의 2자 관계에 적극적으로 개입하기보다 오히려 스스로 배제되거나 은근히 즐기며 무관심으로 일관하는 경우도 많습니다. 그러다가 어느 날 갑자기 아이들에게 그동안 뭘 했느냐고 다그치고는 하지요. 그것도 아니라면 아이와 엄마, 아버지의 3자 관계가 아니라 엄마 아래로 들어가 아이와 동등한 위치에 서려는 남성도 있습니다. 이 모든 것은 아이에게 혼란을 야기하고 불안하게 할 수 있지요. 엄마와 지나치게 밀착하여 아버지의 위치와 자리를 만들지 못한 아이, 즉 오직 자신만이 엄마 욕망의 대상이 되어 버린 아이는, 멜라니 클라인의 말처럼 "어머니에 의해 삼킴과 물어뜯김"을 당할지도 모른다는 상상적 불안에 시달립니다. 더불어 여러 가지 징후를 나타내기도 하지요.

오래전에 만났던 여대생은 엄마가 자신을 죽이려고 하는 꿈을 직접적으로 혹은 상징적인 은유를 통해서 반복적으로 꾸었습니다. 그

때마다 아버지가 나타나 자신을 구해 주기를 원했는데, 아버지는 자신을 보지 못하거나 유령처럼 있는 것이었지요.

그녀를 처음 만났을 때, 다소 분열증적인 경계에 놓여 있는 듯한 모습을 보였습니다. 실제 엄마는 매우 괜찮은 엄마였는데 정신적인 과도한 밀착감은 항상 박해하는 엄마로 느끼게 만들었고, 그 엄마와 상담자인 저를 동일시해서 제가 자신을 공격한다고 느꼈지요. 수시로 상담자에게 분노를 표출하고 맥락도 없고 혼란스러운 사고의 흐름을 보였지요. 세상 사람들이 온통 자신을 공격하고 괴롭힌다고 느끼고 있었습니다. 분석 상담은 3년 정도가 최장 기간이지만 그 여대생과는 5년을 만났고, 온전해진 것은 아니지만 지금은 직장에 잘 적응하며 생활하고 있다는 소식을 들었습니다.

아버지가 제 위치를 찾거나, 혹은 아버지의 목소리, 이름이 제 위치를 찾기 위해서 필요한 것이 엄마의 적절한 물러남이라면, 이 물러남을 위해서는 결국 부부 관계를 돌아보지 않을 수 없습니다.

저는 원칙적으로 부부가 꼭 이상적으로 화목하고 너무 잘 지낼 필요가 없다고 생각합니다만, 현실적인 의미에서도 그렇습니다. 아이를 두고 있는 부모라면 두 사람만의 관계를 넘어서 자신들이 어떤 관계를 맺고 있으며 어느 지점에 있는지 알아야 한다고 말하고 싶습니다. 아이들 때문에 억지로 부부 사이가 좋을 필요는 없다는 이야기지요. 그것은 또 다른 보상을 아이들에게 요구하게 될 테니까 말이지요.

　물론, 부부가 함께 살면서 아이를 양육해야 한다면, 서로에 대한 일말의 신뢰나 대화의 창구 정도는 열려 있어야 합니다. 그래야 아이들이 부모 관계의 대가를 감당하는 부담을 지지 않을 수 있습니다. 서로에 대해 어떤 요구가 있는지, 그 요구가 어떻게 좌절되고 만족되고 있는지 정도는 알아차릴 수 있어야 그러한 대가를 자녀에게 물리지 않을 수 있지요.

엄마는 엄마면 되고,
아빠는 아빠면 된다

"좋은 부모란
자녀에게 곁은 충분히 내주지만
자녀에 관한 한 무능한 부모다."

가정에서 아빠의 역할과 위치가 분명 예전과는 사뭇 달라지기는 했지만, 여전히 그 태도에는 큰 변화가 없는 것도 사실입니다. 어떤 남편은 아내와의 관계에만 집중합니다. 아이가 없다면 아내에게는 더할 나위 없이 좋겠으나 아이가 있으면 참 난감한 상황이 만들어지지요. 아내에게 불만이 있거나 화가 났는데 아내에겐 직접 표출하지 않고 우회적으로 아이에게 그 감정의 덩어리들을 내뱉는 상황이 그런 경우입니다. 남편이 아내에 대한 불만을 아이를 향해 발산할 때, 표면적으로 아내와는 갈등이나 불화가 없어 보이지만 아이는 아빠의 감정 쓰레기통이 되고, 자신의 위치를 정하지 못해 불안해지지요.

최근 친구 같은 아빠, 친구 같은 엄마가 인기입니다. 많은 딸이 그런 엄마 아빠를 둔 가정을 부러워하는데, 저는 이해할 수는 있지만 동의하지는 않습니다. 가부장적인 구조 안에서 억압적이고 권력적이었던 관계가 이제는 좀 더 유연하고 자유로운 관계로 나아갔다고 위로할 수는 있겠습니다. 그런 가정의 자녀로 자라면 사랑받고 행복할 것이라는 이미지 때문인지도 모르겠습니다. 친구 같은 엄마, 친구 같은 아빠라는 이미지가 만들어 낸 행복감일지도 모릅니다.

그러나 엄마는 엄마의 위치를 받아들이고 그냥 엄마면 됩니다. 아빠는 아빠의 위치를 받아들이고 그냥 아빠면 됩니다. 그것은 권력자의 위치를 말하는 것이 아닙니다. 그저 각자의 위치와 위계가 다르고, 각자 위치에 따른 역할을 받아들인다는 의미이지요. 아이는 그처럼 분리된 위치와 부모의 협력 안에서 안전하게 스스로 위치를 설정하고 자신의 모습을 나름대로 만들어 갈 수 있습니다. 모든 존재 안에는 자신의 자리를 찾아가려는 움직임이 있습니다. 부모가 그것을 방해만 하지 않는다면 말이지요.

몸은 자라도 마음은 아이인 부모들

어린 시절 많은 결핍에 시달리며 성장한 한 남성이 결혼 후 아이의 요구를 필요 이상으로 과도하게 채워 주고 해결해 주려고 했지요. 그것을 그저 자신의 결핍을 보상하려 한다고 이해하고 덮어 버릴 수도 있습니다. 하지만 인간의 정신 구조는 그렇게 교과서적이고 이론적으로 설명될 만큼 단순하지 않지요.

사실, 아이의 요구 이상으로 과도하게 더 주려는 행위 이면에는 자신의 결핍을 보상하려는 부모의 욕구보다도 은밀한 무의식적인 의도가 있을 수 있습니다. 넘치게 주는 행위를 통해 아이의 호감과 호의를 얻어 내려는 무의식적 의도, 그렇게 얻은 호의적 관계를 유지하면서 그렇지 않은 배우자를 배제하려는 무의식적 시도이지요. 그 때문에 아이는 부모에게 받는 존재가 아니라 역설적이게도 무엇인가 (즉, 인정과 승인)를 내주어야 하는 입장에 놓여 버립니다.

인간의 의식과 무의식의 구조는 매우 다양한 층위와 복잡한 욕망으로 구성되어 있습니다. 그래서 섣부른 지식으로 생사람을 잡거나 섣부른 해석과 이해로 자신과 타인을 오독하는 일은 언제나 위험합니다. 위치가 뒤바뀐 아이가 할 수 있는 일은 무엇이 있을까요? 바로 '어른아이'가 되는 것이지요. 자신의 위치를 잃어버린 아이는 과연 어디에서 자신을 다시 찾을 수 있을까요?

성인이 된 딸은 부모의 삶을 지탱하느라 자신의 삶을 제대로 살고 있지 못하다는 사실을 인지하지 못합니다. 현실적인 이유와 구실은 많이 있지요. 가령, 부모님이 너무 연로하셔서, 혹은 내가 결혼 생각이 없어서, 혹은 경제적 이유로 남편과 떨어져 살며 친정엄마에게 아이를 맡기고 일을 나가야 부모님에게 재정적 지원을 할 수 있기 때문에 등등 이유는 무수히 많습니다.

이러한 이유들 이면에는 부모와 연관된 에너지가 응축되어 있습니다. 물론, 모든 이유가 부모인 것은 아니지만, 부모의 관계와 상태가 나에게 미치는 영향은 우리가 의식하고 있는 것보다 훨씬 깊고 큽니다. 그렇게 살다 보면, 진짜 내가 원하는 것이 무엇이고 내가 정말 하기 싫어하는 것이 무엇인지조차 모호해집니다. 그럴 때마다 여러 가지 구실과 이유로 나를 설득하며 혼란과 갈등을 종식시키지요.

이렇게 성인이 되어서도 여전히 부모의 딸로 존재하는 데 소모하는 시간과 에너지가 상당하다 보니, 정작 내 아이와는 엄마의 위치가 아니라 마치 자매나 남매의 위치에서 관계를 맺기도 합니다. 부모와 밀접한 관계를 유지하고 있는 성인 자녀들 중에는 여전히 자식으로서 위치에 매몰되어 있는 경우가 종종 있습니다. 물리적으로는 결혼해서 이미 부모가 되었지만 심적으로는 자신의 자녀와 같은 위치에 서는 것이지요. 부모에게 경제적으로 의존하는 성인 자녀는 물질적인 편안함을 누리는 대신 부모의 정신적인 의존 대상이 됩니다. 좀 더 엄밀히 말하면 부모와 나의 공생이지만, 정작 내 자식이 치르는 심리적 대가는 고유한 자신의 삶을 포기하는 지경에까지 이를 수도 있습니다.

좋은 부모는 무능한 부모다

청년을 상담하다 보면 부모를 만나는 일이 생기기도 합니다. 그런데 20대가 훌쩍 넘은 자녀를 둔 부모의 태도는 아동 부모 상담 때와 크게 다르지 않습니다. 부모 면담을 해 보면, 거의 예외 없이 자녀에 대한 과도한 불안, 혹은 부모 입장에서의 과도한 생각과 판단, 평가가 있습니다. 자녀에 대한 과도한 불안은 자녀의 상태나 미래에 대한 걱정이라고 생각하기 쉽지만, 근본적으로는 부모 자신의 내적 불안입니다. 역설적이게도 이 말은 오로지 자녀만 생각하고 고민하며 지켜보는 것이 불가능에 가깝다는 의미이기도 하지요.

아이에 대한 생각과 신념, 이유가 부모에게 너무 과도하게 차 있으면, 아이는 자신이 어디로 가야 할지, 어디로 가고 있는지 자각하기 어렵습니다. 아주 단순하게 이야기하면, 좋은 부모는 곁은 충분히 내주지만 자녀에 관한 한 무능한 부모입니다. 무능하다는 말이 무책임하게 들릴지도 모르겠지만, 이는 현실적인 무능함을 말하는 것이 아니지요. 부모 자신의 삶을 충실히 살면서 아이에게 끝없이 마음을, 곁을 내주지만 '네 삶에 대해서만큼은 나는 아무것도 알 수 없고 할 수 있는 것이 없어'라는 무능의 자세가 아이를 생동감 있게 살도록 만들 것입니다.

현실에선 정반대 경우가 훨씬 더 흔합니다. 스스로 고민할 수 있는 공간과 시간이 주어지지 않는 아이들은 부모에게 의존하거나, 아니면 부모를 만족시키려고 안간힘을 쓰게 될 뿐입니다. 아이의 미래가 어떻게 될지, 아이의 미래를 어떻게 준비해 주어야 할지를 고민할 시간에 내 눈앞에 있는 아이의 존재를 즐기는 것이 더 유익합니다. 아이의 미래 걱정에 내 불안을 투여하기보다 나 자신의 삶과 나의 상태는 괜찮은지 한 번 더 묻는 것이 훨씬 더 유익한 일이지요.

그러면 많은 부모들은 이렇게 말할 것입니다.

"누군들 그러고 싶지 않아서 그러겠느냐. 한국의 교육 현실과 사회 현실을 무시할 수는 없는 노릇이지 않나?"

정말 그 때문일까요? 다시 묻고 싶습니다. 정말 현실을 너무 잘 알고 있어서 그런 것일까요? 교육과 사회 현상이라는 현실을 너무 뼈저리게 경험했기 때문일까요? 누가 들어도 동의할 만한 현실적인 이유들을 핑계로 자신의 진짜 요구와 욕망을 마주하려는 노력을 하지 않으려는 것은 아닐까요?

6장

엄마를 넘어
한 인간으로
사는 법

엄마의 회복에 대하여

엄마를 잃어야
내가 산다

"너무 괜찮아지려고 하지 않아도 된다.
좀 괜찮지 않으면 어떤가?
괜찮지 않아도 괜찮다."

딸아이가 사춘기로 접어들 즈음, 자주 딸아이의 어릴 적 사진을 들여다보며 그 사랑스러움을 다시 느끼려는 저를 발견한 적이 있습니다. 아이 옷을 고를 때도 은연중에 실제보다는 조금 작은 치수를 집어 들기도 하다가 문득 '아… 내가 상실을 겪고 있구나…' 하는 생각이 들었습니다.

딸은 성장이 또래보다 빠르고 덩치가 커지면서 어린아이 티를 벗어 내고 있었고, 표정엔 그 사랑스럽고 애교 넘치던 웃음이 사라지고 무뚝뚝함이 묻어났습니다. 딸이 이렇게 이젠 더 이상 어린아이가 아니라고 신호를 보내고 있는 동안 저는 의식하지 못하는 사이에 어린 딸아이의 모습을 수시로 소환하고 있었던 것입니다. 그 사랑스러움을 더는 접촉할 수 없다는 상실을 애도하고 있는 것이라고 할 수 있지요.

우리는 크고 작은 상실을 무수히 겪으며 살아갑니다. 그 상실에 대한 적절한 애도는 어떤 방법으로 이루어졌을까요? 부모는 잃는 것에 대해 충분히 애도하기보다는 방어하기 마련입니다. 아이를 정서적으로 자신과 더 단단히 밀착시키려 하거나 멀어지는 아이와 갈등을 빚으며 상실을 받아들이려고 하지 않습니다. 예전엔 안 그러던 아이가 왜 이렇게 됐냐고 나무라는 것으로 아이 내면에서 일어나는 여러 가지 변화를 부정하거나 책망하여 죄책감을 유발시키지요. 이때 부부나 가까운 가족이 아이의 어릴 적 모습을 회상하며 서로 나누고 그리면서 적절한 애도를 할 수 있습니다. 더 나아가 새롭게 아이가 커가는 모습을 감사한 마음으로 받아들일 수 있습니다.

마마보이, 파파걸 같은 말이 나오는 이유는 엄마, 아빠가 자신들의 마음속 아이를 계속 붙들고 있기 때문입니다. 이는 의존의 또 다른 모습이기도 하지요. 어쩌면 우리의 삶은 끊임없는 상실과 애도로 이루어져 있는지도 모릅니다. 매 순간의 내 모습, 내가 사랑하는 사람의 모습을 우리는 끊임없이 잃어 갑니다. 그 잃어 가는 것들에 대한 적절한 애도는 나의 삶을 조금 더 가볍게 하고 편안하게 할 수 있지요. 잘 잃어 가는 것이 나를 잘 지키는 것이기도 합니다.

주지 않음으로 보내지 않으려는 엄마의 욕망

성인이 되어 결혼 준비를 할 때 부모에게 부담을 주지 않으려 애쓰는 딸도 무척 많습니다. 대단한 혼수는 아니어도 이것저것 챙겨 주고 싶어 하는 부모의 마음을 끝까지 받지 않고 자신의 힘으로만 가겠다고 하는 딸의 마음에는 어떻게든 내 몫을 스스로 해내는 모습을 부모에게 보이며 딸로서 인정받고 싶은 욕구가 작용합니다. 내가 이렇게까지 열심히 노력해서 스스로 문제를 해결하며 살아가고 있다고 보여 주고 싶은 것입니다. 그런데 이때 부모, 특히 엄마의 사랑과 애정이 기대하는 만큼 돌아오지 않으면, 딸의 가슴에는 또 하나의 울분과 설움이 맺힙니다. 그리고 그 울분과 설움은 시댁 가족이나 시어머니에게로 옮겨 붙으며 고부간 갈등의 골을 더 깊게 만드는 촉매제가 되기도 하지요.

딸이 그토록 자신을 희생하거나 양보해서 엄마에게 보탬이 되고자 하는 것은 인정에 대한 갈구이고 결핍이지만, 딸은 결코 엄마에게서 만족할 만한 인정을 얻어 내지는 못합니다. 여성의 욕망에는 온전히 채워 주지 않는 것으로 그 대상이 나를 지속적으로 바라보게 하는 속성이 있기 때문입니다. 엄마는 딸에게 온전히 주지 않음으로써 딸을 자신의 주변으로 묶어 두는 것이지요.

"잘 키운 딸 하나 열 아들 부럽지 않다"라는 말도 있지요. 효의 관점에서 딸이 아들 이상으로 엄마를 잘 챙기고 보살핀다는 것인데, 상대적으로 더 많은 주의와 지원을 받은 아들이 딸보다 못한 이유는 무엇인가요? 그저 남자라는 이유로, 결혼 후에는 아내밖에 몰라서 그러할까요? 우리는 가족애라는 이름으로, 한국의 문화적 특성으로 단순하게 이해하고 넘어갈 수만은 없을 만큼 서로를 얽어매고 있습니다. 가족애를 버리고 무시해야 한다는 것이 아닙니다. 한번은 서로를 제대로 잃어 보아야 각자 자신의 삶의 방식을 터득하고 운영해 갈 수 있습니다.

충분히 잃어야 새롭게 채운다

가톨릭에서는 장례 예절이 꽤 엄중하고 체계적으로 이루어집니다. 신자들이 24시간 돌아가면서 죽은 사람을 위한 기도를 창(唱)으로 읊조리고, 마지막에 미사와 무덤 예절까지, 상당히 체계적인 의식들로 이루어져 있지요. 이것은 죽은 이를 보내는 산 자들의 애도 과정이라 할 수 있습니다.

가톨릭 신자들이 망자를 위해 창을 하듯 읊조리는 기도문은 이미 죽은 무수한 성인들의 이름을 부르며 죽은 자를 위해 기도해 달라고 호소하는 것입니다. "성 미카엘 ㅇㅇㅇ를 위하여 빌으소서"와 같은 호소는 망자를 죽은 성인들에게 맡기는 의탁의 의미가 있으며, 그 의탁은 달리 말해 이제 죽은 자와 산 자를 분리하겠다는 상징적 의미이기도 하지요. 죽은 자가 계속해서 살아 있는 우리에게 영향을 미치는 것이 아니라, 이제 죽은 자는 죽은 자에게 돌려보내고 살아남은 자들은 살아가야 할 삶으로 돌아가기 위한 분리와 애도를 함께 진행하는 과정입니다.

전통 장례식인 3일장 혹은 4일장은 빈소에서 조문객을 맞이하고 염을 하고 입관을 하고 상여를 통해 죽은 자를 보내는 의식을 치릅니다. 이 모든 것은 죽은 자를 위한 일이라기보다는 남은 사람들이 그를 잘 잃을 수 있는 시간과 과정을 상징적으로 치러 내는 일에 가깝습니다. 죽음과 상실이 상징적인 의식이나 형식으로 충분히 옮겨지면, 달리 말해 애도되면, 그것은 더 이상 우리의 내면으로 엉켜 들어와 융합되지 않을 수 있기 때문이지요.

현실의 죽음뿐만 아니라 우리는 살아가면서 다양한 상실을 경험합니다. 그리고 이를 통해 유발되는 심리적 상실을 받아들이지 않기 위해 다양한 증상이 발현되기도 합니다. 저는 "사랑하는 사람과 헤어진 빈자리는 또 다른 사람을 만나야 채워진다"라는 세간의 말에 동의할 수 없습니다. 그것은 결여와 결핍을 용인하지 않겠다는 태도로 보이기 때문이지요. 누군가와 헤어져서 고통이 일어나는 것은 당연하고 자연스러운 현상입니다. 누군가가 내 마음에 들어와 있다가 나간 자리에 바람이 들어 시리고 아픈 것은 당연한 일이지요. 그 아픔을 회피하기보다 충분히 경험하고 접촉한다면, 이전과 다른 내면을 경험할 수 있게 됩니다.

괜찮지 않아도 괜찮다

왜 아프면 안 될까요? 왜 내 아이가 나를 떠나면 안 될까요? 손가락에 상처를 입으면 상처가 아무는 동안 통증을 감수해야 하는 것처럼 우리 마음이 겪는 고통과 아픔에 대해서도 조금 더 의연하게 수용하는 태도를 가지면 오히려 상실의 고통을 최소화할 수 있습니다. 사춘기가 되고 성인이 되어 가는 자녀에게서 느끼는 상실감과 외로움을 내 것으로 수용하기 위해 좀 더 나 자신에게 집중하고, 내 안에서 일어나는 공허와 폐허를 마주하면, 아이러니하게도 생각보다 괜찮은 나를 발견하게 될 가능성이 큽니다.

상담을 진행하다 보면, 안간힘을 다해 괜찮아지려고 애쓰는 사람을 자주 만납니다. 부정적인 것을 빨리 잊고 털어 내고 싶어 하지요. 우리는 본능적으로 불쾌한 감각과 감정은 피하고 싶어 하기 때문에 어찌 보면 너무 당연한 일이기도 합니다. 하지만 그럴 때 저는 이렇게 이야기합니다.

"너무 괜찮아지려고 하지 않아도 됩니다. 좀 괜찮지 않으면 어떤지요? 괜찮지 않아도 괜찮습니다."

그러면 이렇게 반응하곤 하지요.

"아… 그렇죠. 제가 괜찮아지려고 너무 발버둥을 치느라 안 괜찮았군요. 아… 안 괜찮아도 괜찮은 것이었군요."

이렇게 내가 안 괜찮은 상태로 잠시 있을 수 있도록 허용하는 것도 나쁘지 않습니다.

엄마의 시선이
사랑이 되려면

"걸어 잠긴 문을 억지로 열지 않고 기다리면
자연스레 열리겠지만,
대체로 그 타이밍은 엇나가기 마련이다."

상담실 의자에 마주 앉아 이야기를 이어 가다 보면 불쑥 울컥거리며 눈물을 흘리는 여성이 있습니다. 그 눈물이 어떤 의미냐고 물어보면 잘 모르겠다고 답하는 경우가 많습니다. 잘 모르겠는데, 그냥이 자리에 앉기만 하면 자꾸 눈물이 난다고 말하지요. 오는 길에는 특별히 일어나는 감정이 없었는데, 왜 이 자리에 앉으면 눈물이 나는지 모르겠다고 말합니다.

왜일까요? 상담자가 어떤 반응이나 피드백을 하지 않았는데도 불쑥불쑥 눈물이 솟구치는 이유는 무엇일까요? 저는 그 이유가 '응시'에 있지 않을까 생각합니다. 가정에서, 사회에서 알게 모르게 소외를 반복적으로 겪어 온 여성이 누군가 온 정신을 집중해서 자신을 바라보고 있다는 것을 느끼는 순간이 얼마나 있었을까요? 저는 그냥 시선을 모아 바라봐 주고, 그냥 곁에 함께 있어 주는 것이 전부였습니다. 오직 자신을 향하고 있는 시선을 느끼는 것만으로도 가슴 안에서 알 수 없는 어떤 접촉이 일어나는지도 모르겠습니다.

"가장 먼저 사랑을 빚어내는 것은 시선이다."

-자코모 다 렌티니

'3초 엄마'의 사랑법

중학교 1학년인 딸아이가 종종 그런 이야기를 합니다.

"엄마와 나의 평화롭고 좋은 느낌의 시간은 우리가 만나서 딱 3초까지만이야!"

하루 일과를 마치고 집에 돌아와 아이를 만날 땐, 매일이 새로운 날처럼 반갑고 좋아서 폴짝 뛰며 포옹과 입맞춤을 사정없이 퍼붓지만, 딱! 3초가 지나는 순간 잔소리와 티격태격 실랑이가 시작되기 때문이지요. 그래서 저는 아이와 거리를 너무 좁히지 않으려 최대한 노력합니다. 지치지 않고 아이를 사랑하기 위해서지요. 거리를 두고 아이를 바라보는 일을 무척 즐깁니다.

딸아이도 엄마가 자신을 지그시 바라보고 있는 눈빛을 상당히 즐기는 눈치입니다. 엄마가 정말로 예뻐하면서 바라보는 것을 알기 때문이지요. 엄마의 시선을 통해 자신이 꽤 괜찮고 사랑스러운 존재로 느껴지는 모양입니다. 실제로 멀찍이서 아이를 보면 그렇게 예쁘고 사랑스러울 수가 없습니다. 한없이 예쁘고 어여뻐서 다가가 꼭 한 번씩 만져 주고 살을 비비는데, 서로 말이 섞이는 순간 우리의 평화는 달아나지요.

딸아이에게 가까이 다가갈수록 생활 습관에서부터 성격까지 마음에 들지 않는 것이 백만 가지는 넘게 눈에 걸립니다. 그럴수록 딸아이의 좋은 느낌과 사랑스러운 감각을 매일 새롭게 되살리려고 의식적으로 노력하는 편입니다. 문을 열고 들어서기 전, 아이의 사랑스러운 볼살과 상큼하지만은 않은 체취를 떠올리지요. 이것은 매일 반복되고 매일 좌절되는 일상이기도 합니다.

엄마의 사랑스러운 응시는 아이가 자신을 괜찮은 사람으로 인지하고 각인하게 만듭니다. 모든 존재가 가지는 자존감의 근간이지요. 하지만 사랑스러운 시선은 노력한다고 나오는 것이 아니라는 사실을 모두가 경험으로 알고 있습니다. 아이와 심리적, 물리적 거리를 띄워야 할 때 띄우지 못하면, 아이를 사랑스럽게 바라볼 수도, 사랑할 수도 없게 됩니다. 거리 띄우기는 사랑을 유지하기 위한 하나의 스킬이 될 수 있습니다. 엄마가 자신의 불안과 욕망을 탐색하려는 태도를 가지고 있고 사색을 멈추지만 않는다면, 그 여백은 충분히 가능하지요.

사랑의 거리 두기

저는 아이의 학습 문제뿐만 아니라 아이의 사생활 전반에 관여하지 않습니다. 어떤 철학과 신념이 있어서는 아니고, 더구나 심리 전문가여서도 아닙니다. 아이에게 밀착해 개입할수록 내 감정을 스스로 조절할 수 없을 것이라는 점을 너무나 잘 알고 있기 때문이지요. 결코 평정심을 유지할 수 없고, '다 너를 위한 것이야'라고 내 욕망으로 아이를 몰아세울 엄마라는 것을 지극히 잘 알고 있기 때문입니다.

아이에게 훌륭하고 온전한 엄마이면 좋겠지만, 그렇지 않다는 것을 굳이 숨기려 하지도 않습니다. 거리를 띄우고 아이가 학습을 하고 생활을 해 나가는 '태도'에 주의를 기울이면서, 아주 가끔 식탁 자리에서 그것에 대해 이야기를 나눕니다. 마음에 안 드는 수만 가지를 참고 견디다가 아주 가끔 엄마의 경험을 이야기해 주며 아이를 현혹하기는 하지만, 대체로는 그저 지켜보기만 할 뿐이지요.

다만, 아이가 대화를 원하거나 감정을 받아주기를 바랄 때는 언제든 열어 놓고 기다리는 태도를 보이려고 노력합니다. 가장 많이 하는 표현은 "응, 얘기해도 괜찮아. 응 말해, 뭐든지…"이지요. 엄마는 어떤 평가나 판단을 하지 않고 나를 있는 그대로 수용할 수 있는 단 한 사람이라는 사실을 경험하면, 아이는 안전감 안에서 모든 것을 스스로 해결하고 찾아 갈 수 있다고 확신합니다. 엄마가 아이를 믿어 주고 불안해하지만 않는다면, 상처를 받지 않는 아이가 아니라 상처를 잘 견뎌 내는 아이로 성장해 나갈 것입니다.

물론, 엄마의 시선을 불편하고 불안하게 느끼는 아이도 더러는 있습니다. 타인의 응시는 자신을 접촉하게 하고 안정감을 느끼게 하지만, 내적인 불안이 높은 이들에게는 알 수 없는 두려움으로 다가오기도 하는 것이지요. 특히 아이가 사춘기에 접어들고 성장할수록 비밀이 많아지고, 그러다 보면 엄마의 시선에서 벗어나고 싶어 하는 것은 매우 자연스러운 현상입니다.

문제는 그 단절감을 엄마가 견디기 어려워한다는 점입니다. 엄마는 미주알고주알 이야기해 주는 것을 좋아하고, 비밀이 없는 아이가 잘 자라고 있는 것이라며 스스로 위안하니까요. 하지만 '비밀이 없는 것'은 아이가 좋아하는 것이 아니고 엄마가 원하는 것입니다. 문을 걸어 잠그고 입을 닫기 시작하는 아이는 이제껏 자신을 지배해 온 어른의 언어로부터 자유로워지려 하고 자신만의 언어를 고집하려 합니다. 그때 부모가 그것을 얼마나 견디어 내느냐가 관건입니다. 걸어 잠긴 문을 억지로 열지 않고 기다릴 수 있으면 그 문은 자연스레 열리겠지만, 대체로 그 타이밍은 엇나가기 마련입니다.

시선의 방향이 뒤바뀔 때

엄마의 시선 밖에 머물던 아이, 그러니까 엄마의 사랑의 시선에서 은밀하게든 직접적이든 배제된 상태로 자란 아이는 성인이 되어 연인에게 그 시선을 요구하고, 결혼해서 아이를 낳으면 그 요구가 아이에게로 이어집니다. 이성적으로는 부모로서 당연히 할 수 있는 말처럼 보이지만, 실제로는 아이에게서 과도하게 사랑을 확인하려고 하는 것이지요. 언제까지고 엄마, 아빠를 떠나지 않겠다고 말하게 하거나, 나중에 커서도 엄마, 아빠를 지금처럼 똑같이 사랑해 달라고, 장난인 듯 진담인 듯 요구하는 것 등이 그 예입니다.

그 요구가 아무 의미 없다는 것을 알면서도 멈출 수 없습니다. 이처럼 사랑을 주어야 하는 입장인데 역으로 아이에게 사랑을 요구하는 부모는 안전하지 않은 시선과 사랑의 부재 속에서 성장했을 가능성이 큽니다. 그들은 주변의 타인과 친밀한 관계를 맺기 어려워하고 누구에게도 선뜻 마음을 열거나 요구하지도 않지요.

　대신 아이만큼은 자신들을 버리거나 소외시키지 않을 절대적 약자로 인식합니다. 그래서 다른 사람 앞에서는 어른스럽고 성숙하게 처신하는 그들도 자신의 아이 앞에만 서면 웅크리고 있던 무의식 속 결핍투성이 아이가 튀어나와 거칠게, 그리고 끝없이 요구를 합니다. 아이는 거절할 수 없는 부모의 요구에 옭아매집니다. 부모는 자신에게 사랑을 줄 수 있는 유일한 권력자이기 때문이지요.

어릴 적 엄마에게
원했던 것을 주어라

"사랑은
내가 갖고 있지 않은 것을
주는 것이다."

종종 아이가 학교에서 친구 문제로 힘들다고 호소하거나 반 남자 아이의 거친 언행에 제대로 대응하지 못해 힘들어할 때는 진지하게 이야기를 나누곤 합니다. 밤이 늦도록 아이가 불편해하는 감정 상태를 다 들어 주고, 아이가 미처 깨닫지 못하는 자기감정이 무엇인지를 함께 탐색하고, 어릴 적 엄마는 비슷한 상황에서 어떻게 행동했는지에 대해 이야기하며, 아이가 겪고 있는 어려운 상황에 대해 공감해 주지요.

아이는 엄마도 자신과 비슷한 경험을 했다는 것을 알면 위로를 얻습니다. 그렇게 한참을 아이와 이야기하다 보면 어느새 아이는 진정되는데, 이런 일은 여러 차례 반복되었지요. 덕분에 아이는 스트레스 받는 일이 생길 때면 엄마와 이야기할 수 있다는 믿음이 생긴 듯한데, 사실 그 과정이 엄마 입장에서는 지칠 때도 있고, 어느 때는 욱하고 아이를 다그치고 싶은 감정이 올라오기도 합니다. "언제까지 똑같은 문제를 가지고 그럴래?"라고 비난하고 싶어지고 타박하고 싶어지는 것이지요. 그렇게 아이와 이야기하다가 지치고 감정이 동요될 때는 잠깐 멈추고 사소한 집안일을 하다가 다시 이야기를 이어 가기도 합니다. 딸아이는 간혹 이런 이야기를 합니다.

"엄마, 지금은 마음이 참 편안해졌는데, 내일 마음이 또 움직여서 힘들면 어쩌지?"

그럴 땐 이렇게 말해 주지요.

"괜찮아, 엄마는 늘 네 이야기를 똑같이 들어줄 거고, 또 같이 이야기 나눌 거야."

그러면서 편안해지고 안정되는 아이의 모습을 만나지요. 그런 아이의 모습을 보면서, 한편으로는 참 다행스럽고 감사하면서도 내 안의 은밀한 곳에서는 딸아이가 슬쩍 부러워질 때가 있습니다. '참 우습구나'라는 생각이 들면서도 이런 마음이 슬며시 올라오지요.

'나는 엄마에게 이런 이야기를 들어 보지 못했는데. 나한테도 엄마가 끝까지 함께 이렇게 이야기해 주었으면 참 좋았을 텐데. 나는 이렇게 받아 보지 못했는데. 나는 늘 혼자서 끙끙 외로웠는데….'

내가 해 주면서도 내 아이가 부러워지는 이 복잡한 감정은 무엇일까요? 그 부러움은 내 안에 있는 딸아이 또래의 어린 내가 가지는 부러움입니다. 엄마로서 해야 할 책임과 보호를 당연히 한다고 생각하면서도 한편에서 스멀스멀 올라오는 이 감정은 엄마로서 딸아이에게 갖는 감정이라기보다 어린 내가 또래의 딸아이에게 반응하는 감정인 것이지요.

이때는 아이를 재우고 나서 혼자서 조용히 어린 내가 그런 엄마를 소망했던, 그리고 기다렸던 순간들을 애도합니다. '이랬겠구나. 그래서 나는 힘들었구나' 하고 어린 나에게 조용히 말을 걸어 위로하고 다독거리지요. 내가 어린 시절 엄마에게 기대했던 것이 이런 것이었다고 깨닫는 순간이기도 합니다. 아이는 자신을 공감해 주는 엄마에게서 안정을 찾기도 하지만, 무엇보다 자신의 상태를 함께 겪으려 힘껏 노력하는 엄마의 태도에서 사랑을 느끼지요. 결코, 스트레스를 해결해 주는 것만이 중요한 것이 아니라는 말입니다.

어릴 적 결핍 알아차리기

내가 어릴 적 엄마에게 듣고 싶었던 말, 받고 싶었던 돌봄을 어른이 된 지금 아이에게 충분히 돌려주는 행위를 통해 내가 무엇을 받지 못해 힘들었는지, 정말로 무엇을 원했는지 알아차릴 수 있습니다. 또 바로 그 과정을 통해 회복이 이루어질 수 있습니다. 내가 받지 못해서 지금 갖고 있지 않은 것을 주려면 내가 진정으로 무엇을 원했었는지, 무엇을 받고 싶었으나 좌절하고 결핍했었는지 명료하게 알 필요가 있습니다. 설령, 받지 못해 갖고 있지 못하더라도 그것이 무엇인지 알아야 줄 수 있기 때문이지요. 주는 과정을 통해 받는 사람도, 주는 나도 회복을 경험할 수 있습니다.

간혹, "내가 사랑을 받지 못해서요", "내가 상처가 많아서요"라고 입버릇처럼 말하는 사람이 있습니다. 사랑을 받지 못해서, 상처가 많아서 이렇게 할 수밖에 없다는 변명이나 핑계를 대는 것이지요. 더 나아가 내가 받지 못하고 배우지 못한 것은 줄 수 없고, 설령 줄 수 있다 해도 주지 않겠다는 선언처럼 들립니다. 받지 못해 화가 난 상태로 멈추어 있는 어느 시점의 내가 "나도 못 받았는데 왜 나한테 달라고 하는 거야!"라고 소리치고 있는 것처럼 들리기도 합니다.

자크 라캉은 "내가 갖고 있지 않은 것을 주는 것이 사랑이다"라고 말했습니다. 따라서 "나도 못 받았는데, 내가 가지고 있지도 않은데 어떻게 줘? 뭘 주라는 말이지?"라는 반문과 반감은 내 안에서 충분히 애도되지 못한 탓에 어느 시점에서 멈추어 버린 어린 나의 아우성에 불과합니다.

무의식 속 어느 시점에서 멈추어 있는 감정 덩어리는 시간 개념이 없습니다. 결핍감과 좌절, 외로움과 원망 등으로 응어리진 감정 덩어리는 10년 전, 20년 전, 30년 전의 그때에 그대로 멈추어 있으면서 현재의 나를 압도하고 삶을 살아가지 못하도록 방해하지요. 이 아우성을 아무리 반복해도 끝나지 않는 것은 나 자신이 그 요구를 정확하게 알아주지 않기 때문입니다. 제대로 알지 못하니 스스로 애도할 수 없고, 끝없이 가족이나 타인을 향해 변형된 요구만 합니다. 그런데 자신도 제대로 모르는 요구를 상대가 알아차릴 수 있을까요?

누구를 위한 사랑인가

때로는 과도하게 퍼 주면서 자신의 존재를 증명하거나 무의식 속 불안을 보상하기도 합니다. 자신이 받고 싶었던 것을 타인에게 해 주지만, 회복은커녕 원망과 원한이 쌓입니다. 이것은 내가 주고 있는 행위가 정확히 누구를 향한 것이고, 무엇을 원해서인지 모른 채 행해지고 있기 때문입니다. 그런 식의 헌신과 진심은 막상 기대한 무언가가 돌아오지 않으면 절망과 원망으로 바뀌고 분노하게 됩니다. 돌봄을 주는 행위를 통해서 내가 회복되는 것이 아니라 소진되기만 한다면, 잠시 멈추어서 내가 하고 있는 돌봄과 주는 행위 이면에 어떤 기대와 요구가 있는지, 어떤 무의식적 의도가 있는지 의문을 던져 보아야 합니다.

나의 돌봄이 온전히 내 앞에 있는 타인을 위한 것이라면, 심리적 의존에서 비롯된 것이 아니라면, 비록 사랑이 되돌아오지 않더라도 지치지 않을 수 있습니다. 하지만 그 돌봄이 내가 받고 싶었던 것을 줌으로써 되돌려받고 싶은 기대와 요구에서 비롯된 것이라면, 나를 떠나지 못하게 하려는 요구의 다른 표현이라면, 나는 반복적으로 좌절하고 절망하며 슬퍼할 수밖에 없지요. 좀 더 명확하게는, 그런 돌봄은 내 앞의 타인을 거울로 삼아 나 자신에게 하고 있는 행위이기 때문입니다. 나의 거울이 된 타인은 그것을 고마워하기보다 묘한 소외감을 느끼게 됩니다. 그리고 급기야는 "내가 언제 그걸 해 달라고 했어? 네가 좋아서 했잖아"라는 배은망덕한 태도를 보이게 될 뿐이지요.

여자이기를 넘어
한 인간으로

"가장 나다운 것이
가장 여성스러운 것이다."

40대 후반인 진애 씨와 상담하던 중에 생긴 재미있는 일화가 있습니다. 상담을 시작하고 1년여 즈음 지난 어느 날, 급하게 문자 연락이 왔습니다. 갑자기 세상 사람들이 다 나를 속이는 것 같은 느낌이 엄습해서 매우 힘들다며 지금 당장 상담이 필요하다는 것이었지요. 진애 씨와 원래 약속한 날보다 며칠을 앞당겨 서둘러 만났습니다. 진애 씨는 상담실 의자에 앉자마자 이야기를 시작했지요.

지난번 상담을 끝내고 지하 주차장에서 차를 몰아 나가던 중에 접촉 사고가 났습니다. 뒷문이 제법 많이 찌그러져 보험사와 견인차가 오고, 꽤 실랑이가 오고갔던 모양입니다. 그날 현장에 도착한 견인

차 기사는 "작은 사고는 아니네요"라고 말했고, 보험사 직원은 그 자리에서 8 대 2의 과실에 대한 안내를 하고 일차적으로는 정리가 되어 자리를 떠났지요. 그 후에 차를 수리하는 공업사 사장님과 대화하면서 진애 씨는 보험사 직원과 나눈 이야기를 전하며 다소 억울한 측면이 있다고 호소했습니다. 그쪽에서 일방적으로 이쪽 차를 받았는데 20%의 과실을 지우는 것은 억울하다고 하자 사장님은 "여자라서 그랬나 보네"라고 말했습니다.

이후에 차는 좀 더 큰 공업사로 옮겨졌고, 수리 과정에서 사고를 낸 남성과 공업사 사이에 견적을 최소화하기 위한 논의가 진애 씨를 빼고 이루어진 것을 나중에 알게 되었습니다. 진애 씨는 이 사람들이 나를 속여 넘기려는 건 아닐까 하는 의심이 올라오며 불안이 걷잡을 수 없이 일어나기 시작했습니다. 머릿속에서는 '첫 번째 공업사 사장님도 여자라서 그랬을 거라고 말했는데…. 그건 자기도 나를 그렇게 여긴다는 거겠지'라는 생각이 떠나지 않았지요. 일 처리 과정에서 모두가 나를 속이려 드는 듯한 느낌에 사로잡히기도 했습니다. 사고를 낸 남성도 공업사와만 연락하며 어떻게든 견적을 줄이려 하고 있었고, 일방적인 사고를 당한 진애 씨는 20%의 부담을 지는 것도 억울해하던 와중이라 세상 사람들이 모두 자신을 속이려 드는 것 같은 기이한 느낌을 받아 급하게 제게 연락을 한 것이지요.

일련의 사건 이야기를 듣고 나서 저와 진애 씨는 지금까지 정신적으로나 물질적으로 착취당하고 피해를 겪어야 했던 과거의 경험과 이 일의 관련성을 염두에 두면서도 이번 사건 때문에 진애 씨가 받은 현실적, 실제적인 피해는 거의 없다는 사실을 짚어 갔습니다. 과거와 달리 무조건 사람들에게 끌려가거나 당하지도 않았고, 침착하게 조목조목 짚어 나가며 자신의 권리와 보호받을 수 있는 것을 찾아 챙기고 있다는 사실을 알아차렸고, 진애 씨가 느끼는 감각적인 피해감과 속고 있다는 느낌은 꽤 비현실적이라는 사실을 함께 짚어 갔지요. 처음에는 실제 현실과 자신이 느끼고 있는 현실감 사이의 맥을 짚어 찬찬히 탐색하며 들어갔으나, 반전은 그녀가 사고 직후에 꾼 꿈을 이야기하면서 일어났습니다.

여자에게 여성이란

꿈속에서 나무로 된 보석함 같은 것에 지렁이가 가득 차 있고 그 주변에는 맑지 않은 물이 고여 있습니다. 상자 옆에는 탁하고 얕지만 물이 있으니 지렁이를 안전하게 키울 수 있겠구나 생각하고 있는데, 상자 틈이 조금 열리면서 지렁이 한두 마리가 새어 나오고, 새어 나온 그 지렁이가 갑자기 부풀어 올라 깜짝 놀라며 꿈에서 깼지요.

이 꿈 이야기를 들으면서 진애 씨의 성생활이 갑자기 궁금해지기 시작했습니다. 이 꿈에는 꽤 직접적인 성적인 메시지가 들어 있지 않을까 하는 의문이 들었기 때문입니다. 폐경이 된 지 1년 정도가 된 40대 후반의 진애 씨는 특별히 성적인 욕구도 거의 없어 남편과의 성관계도 없다고 합니다. 그저 고3 막내 아이 학원 뒷바라지와 내적인 작업에만 몰두할 뿐, 대인 관계도 뜸한 편입니다. 현재 진애 씨가 자신을 여성으로 느끼게 하는 부분이 있는지, 스스로 그것을 인지하고 있는지에 대한 이야기들을 나누었지요.

여성이 가지는 성욕은 섹스에 대한 욕구로만 표현되지는 않습니다. 여성이 성적 욕구, 성 에너지를 방출하는 방식은 매우 넓고 다양하지요. 그렇다면 여성에게 특별히 두드러지는 욕구가 없으면, 성 욕구와 성 에너지가 희미해지고 없어진 것일까요? 그렇지 않습니다. 다정한 말 한마디, 등을 한 번 쓸어내리는 손길, 따뜻한 시선 등 여성이 성적인 친밀감과 에너지를 교류하고 느낄 수 있는 통로는 매우 다양하고 많지만, 여러 이유로 좌절되고는 합니다.

지난번 상담을 마치고 집으로 돌아가는 길에 일어난 접촉 사고 현장과 그 현장에서 보인 자신의 상태를 좀 더 세밀하게 탐색하다 보니, 진애 씨는 일방적인 피해를 겪고 어쩔 줄 모르는 연약한 소녀의 모습으로 서 있었다는 것을 알아차렸습니다. 보험사 직원들에 둘러싸여 두려움에 떨고 있는 연약한 여성인 자신의 모습이 싫지 않았던 것이지요. 그리고 1차 공업사 사장님의 "여자라서"라는 '말'은 잠자는 듯 숨죽어 있던 '그래, 나도 여자였었지…'라는 감각을 일깨우는 1차 자극으로 다가왔습니다. 그 "여자라서"를 전한 남성의 말을 통해 내가 여자라는 사실이 진애 씨의 감각을 자극했고, 그날 밤 진애 씨는 보석 상자에 지렁이가 가득한 꿈을 꾸었지요.

이야기가 매우 흥미롭게 흘러가는 것을 감지하면서 진애 씨를 향해 저는 한마디를 던졌습니다.

"그래서 내가 여자일 수 있게 만든 그 현장을 다시 둘러보러 이곳에 서둘러 오셔야 했던 것이네요."

순간 진애 씨는 매우 큰 충격을 받았고, 그 충격은 강렬한 동의의 리액션으로 이어졌습니다.

"어머! 어머!"

손뼉을 치며 충격과 큰 웃음이 교차했지요. 진애 씨도, 앞에 앉아 있던 저도 크게 웃었습니다.

"선생님, 지하 주차장에 다시 한 번 가 보아야겠어요. 정말 그럴 거라곤… 꿈에도 생각 못 했어요. 정말 그럴 수도 있네요, 어쩜 이럴 수가 있지요?"

상담실을 나선 진애 씨는 잠시 뒤에 문자를 보내왔습니다.

"선생님, 제가 지하 주차장에 가서 둘러보는데 정말 저를 여성으로 느끼게 해 준 건 그 견인차와 견인차 기사였어요!"

한 번 더 놀라움의 메시지가 도착했습니다. 사고가 나고 쏜살같이 달려온 견인차의 젊은 기사는 진애 씨를 보호하고 구해 줄 흑기사처럼 느껴졌다는 것입니다. 조심스럽게 아이를 다루듯 하는 살뜰한 매너와 친절함으로 목적지까지 데려다주었는데, 그 속에서 한참이나 잊고 있던 보호받는 여자의 느낌, 든든하게 날 구해 주는 남성 앞에선 연약한 여자의 감각을 생생하게 경험했다고 합니다. 견인차 기사가 자동차와 자신을 완벽하게, 그리고 조심스레 케어해 준 순간, 차를 타고 집까지 가면서 문득 이대로 여행을 떠나고 싶은 감정이 올라오기도 했다는군요.

짧고 강렬했던 그 감각들을 한 번 더 느끼고 싶고 확인하고 싶은 여자의 욕구가 감각적인 신체 증상과 정서적인 불안을 통해 그 사고가 있었던 장소로 서둘러 다시 들를 수밖에 없도록 안내했다는 것에 우리는 동의하였지요.

가장 나다운 것이 가장 여성스러운 것이다

여성성은 여성에게 매우 중요한 이슈입니다. 그리고 그 여성성을 어떻게 확인할 것인가가 아주 중요하지요. 여성에게는 사느냐 죽느냐보다 '내가 여자인가, 아닌가'가 더 중요한 이슈가 될 수도 있습니다. 가부장적인 전통에 둘러싸인 많은 여성이 여성성을 확인할 수 있는 가장 쉬운 방법은 남성의 시선이나 남성의 언어 속에 있는 자신의 모습을 통하는 것입니다. 그래서 남성이 보내오는 말이 미사여구인 줄 알면서도 속기를 자처하는 것이지요. 또한 그렇게 비추어 줄 남성의 시선과 말이 줄어들거나 사라질 때, 스스로가 여자라는 사실을 확인할 수 있는 길이 줄어들기도 합니다.

누군가의 시선과 말을 통해서가 아니라면, 나를 여자로 만드는 남성의 시선이 부재한다면, 내가 여자라는 사실을 확인할 수 있는 다른 방법이 있을까요? 나는 충분히 여성으로서 만족을 경험하고 있을까요? 물론, 저는 여자이기보다 그저 한 인간으로서 고유한 만족을 찾고 만들며 살아가야 한다고 주장하는 쪽입니다.

영화 〈기생충〉으로 세상을 떠들썩하게 했던 봉준호 감독의 수상 소감 중에 마틴 스코세이지 감독이 했다는 말이 화제가 되었었지요.

"가장 개인적인 것이 가장 창의적인 것이다."

저는 바꾸어 다시 말하고 싶습니다.

"가장 나다운 것이 가장 여성스러운 것이다."

평생 커리어 우먼으로 살았던 70대 멋진 여성이 스스로 탐색한 끝에 자신 안에 있는 성욕이 얼마나 오랜 시간 가두어져 있었는지를 깨달았다고 합니다. 비로소 자신의 진정한 욕구를 찾았으니 그 욕구를 실현할 대상을 찾는 데 온 에너지를 쏟고 있다는 이야기를 들은 적이 있습니다. 이 이야기를 듣는 순간 마음속에선 '아이쿠, 이를 어째…'라는 탄식이 나왔지요. 내가 내 안의 욕구를 발견하는 것까지는 좋았는데, 그 해결 방식이 지극히 유아적이라는 생각이 들어서였습니다.

노년의 여성이 자유롭게 섹스를 즐기는 것이 이상할 것도 나쁠 것도 없지만, 그 대상을 찾아 헤매는 모습을 상상하니 선뜻 동의가 되지 않습니다. 내 안의 성욕을 꼭 섹스로만 해소해야 한다는, 해소하면 모든 욕구가 해결된다는 것은 단순한 생각이지요. 남성의 시선에서 자신의 매력과 아름다움을 확인해야만 여자가 된다면, 그것은 생물학적으로도 지극히 한시적인 일이지요. 또 매우 남성적인 시선입니다.

논문 주제를 정하는 인터뷰를 하는데 한 아름다운 여성이 이런 이야기를 한 적도 있습니다.

"여자는 나이 먹는 것만으로도 죄인이라잖아요."

적어도 저에게는 충격적인 이야기였습니다. 언제까지 내가 가진 여성과 모성을 그런 생물학적인, 성적인 매력에만 국한시켜 가두어 놓을 것인가, 하는 탄식이 일었지요. 또 남성적 시선으로 확인받는 것을 포기한 경우, 자녀에게 지나치게 모성을 쏟아붓는 식으로 자신을 확인하려는 경우도 적지 않습니다. 그러나 그 외에도 우리가 우리다울 수 있는 길은 너무나 많습니다.

홀로 선다는 것

지그문트 프로이트는 "사랑은 서로의 결핍이 만들어 내는 것이고 내 결핍을 상대가 채워 줄 것이라 믿는 투사에서 일어난다"라고 말했습니다. 그리고 그는 내 자신을 스스로 충족시킬 수 있을 때라야 비로소 진짜 사랑을 할 수 있다고 말합니다. 누구를 통한 의존이 아닌 나 스스로도 충분할 때 진짜 사랑을 선택할 수 있다는 말이지요. 어떤 반영이 없어도 자신의 존재를 믿고 나를 충분히 괜찮게 여길 수 있어야 한다는 말입니다.

제가 분석을 받는 과정에서 매우 주의를 기울이고 정성을 쏟은 부분이기도 합니다. 그것은 어떤 대단한 변화를 기대하거나 긍정적인 나를 발견하는 것이 아니었습니다. 제가 자신을 믿기 시작한 것은 아이러니하게도 아무것도 붙들 수 없게 되었을 때였습니다. 가장 어두운 순간에, 나를 지탱해 온 모든 것이 사라졌다고 생각하는 참혹한 순간에, 오직 믿을 것은 나 자신밖에 없는 순간, 내가 나를 믿어 주지 않으면 안 되었던 벼랑 끝의 그 순간, 가장 나다운 자신에게로 돌아올 수 있었지요. 확신과 당당함에 찬 자유로운 상태에서가 아닌, 흔들리고 두려움에 가득 차 떨면서 말이지요.

홀로 선다는 것은 물리적인 독립이나 경제적 자력을 말하는 것이 아닙니다. 나 자신을 만족시킬 수 있는 개인이 된다는 의미이지요. 나의 쾌락과 나를 만족시킬 수 있는 권력을 타인에게 양도하지 않는다는 것을 말합니다. 그래야 폐허를 두려워하지 않고, 그래야 고독을 사랑할 수도 있게 되지요.

사소한 일상을
사랑하는 법

"자세히 보아야 예쁘다.
오래 보아야 사랑스럽다.
너도 그렇다."

의존적인 사람이 즐겨 하는 말 중에 "내 역량과 능력이 부족하다"라는 표현이 있습니다. 자신을 평가 절하하거나 낮추어 말하는 듯하여, 그런 표현을 듣는 사람은 섣불리 "왜 그렇게 생각하느냐? 그렇지 않다", "자신을 사랑하고 스스로 돌보라"라는 등의 지지와 위로를 하기가 쉽지요. 하지만 이 말을 좀 더 자세히 들여다볼 필요가 있습니다.

우연히 책을 읽다가 놀라운 구절을 만난 순간이 있습니다. 수도 생활 중에도 충분히 알아차리지 못한 의미를 정신 분석을 공부하고 내면 탐구를 하면서 발견했다는 것이 흥미로웠지요.

이탈리아의 철학자이자 비평가인 조르조 아감벤이 쓴 《행간》이라는 책에 보면, 중세 시대 수도자가 수도원의 독방 생활 중에 스며드는 나태와 무기력을 '정오에 찾아드는 악'이라는 표현을 빌려 설명해 놓았습니다. 나태가 악령이라니…. 심리적으로도 이것은 상당히 관련이 있어 보이는데, 이 부분을 중세 교부들은 이런 식으로 표현을 했구나 싶어 흥미 있게 읽었지요. 책에서는 이렇게 말합니다.

"정오에 찾아드는 악령(나태함)은 수도자의 머리에 강박 관념을 심어 주고 집요한 상상력을 발휘하게 한다. 이 상상은 함께 지내는 사람들의 추잡함을 상기시키고 무기력하게 만들고 마음을 편히 다스리지 못하도록 해서 독서에 전념할 수 없게 만든다."

그러다 보면 불평불만이 많아지고 한숨이 늘어나며 자신의 영혼은 아무것도 할 수 없다고 염려하기 시작한다는 것이지요. 항상 똑같은 것을 반복하며 머릿속이 텅 빈 채로 살아가는 상황이 된답니다. 그리고 멀리 있는 것들을 찾게 되고 당장 할 수 있는 것들은 어렵고 귀찮게만 느낀다는 것입니다.

여기서 말하는 나태와 무기력은 현대 심리학에서 이야기하는 여러 우울적 현상들과 닿아 있습니다. 우울은 무기력한 상태에서 벗어날 수 없게 하는 어떤 힘에 지배당하는 심층적인 차원도 있지만, 나 자신을 공격할 만한 부정적이거나 비극적인 것을 선택적으로 취하려는 경향성도 있습니다. 아무것도 할 수 없다고 염려하기 시작한다고 하지만, 사실은 아무것도 하고 싶지 않은 것일 수도 있지요.

정서적 나태와 육체적 부지런함 사이

아감벤의 책에서 말하듯, "나태의 그리스 어원은 무관심"입니다. 이 대목에서 저는 무릎을 쳤습니다. 이것이었구나! 우리가 가까운 사람들과 관계하면서 일어나는 많은 문제, 특히 부모와 아이들 사이에서 일어나는 많은 문제는 사소한 것에 대한 '관심'과 관련이 있습니다. 주의를 기울인다는 것이 무엇인지를 고민해야 합니다. 주의와 관심을 충분히 쏟고 있다고 여기는 사람도 그것이 내가 기울이고 싶은 부분에만 집중적으로 치우쳐 있다는 사실을 어렵잖게 발견할 수 있을 것입니다.

여기서도 편의성이 들어갑니다. 열심히 하지만 좀 더 나태한 방법으로 열심히 할 수 있는 것이지요. 의존이 편의성의 이면이라는 것과 일맥상통하는 부분입니다. 아이들의 요구와 상태에 주의를 기울이는 노력은 역시 꽤나 피곤합니다. 아주 단순하게 풀어 이야기하면, 무심한 엄마는 나태한 엄마라는 것이고, 이것은 물리적 나태를 이야기한다기보다 정서적인 나태, '주의를 기울이지 않으려는 태도' 에 있다고 말할 수 있지요.

물리적 부지런함과 혼동해서는 안 됩니다. 역설적이게도 얼마나 많은 사람들이 부지런하면서 나태한지요. 우리는 자신에게서 혹은 자기 접촉과 사색, 성찰에서 멀어지기 위해 극도의 부지런함, 즉 육 체적 희생을 자처합니다.

나태주 시인의 〈풀꽃〉이라는 유명한 시가 있습니다.

"자세히 보아야 예쁘다. 오래 보아야 사랑스럽다. 너도 그렇다."

주의를 기울이고 오래 자세히 지켜보려면 내가 어떤 상태이어야 할까요?

착하기만 하던 엄마의 반전

한 여성은 일생 착하고 온화해서 우유부단했던 자신의 엄마를 사 랑하고 애틋하게 여겨 왔는데, 왜 자기가 그런 사랑을 받고도 분석을 받아야 하는 상황에까지 오게 되었는지 납득이 되지 않는다고 말한 적이 있습니다.

분석에서 그녀가 엄마에 대해 말하면 말할수록, 엄마의 착함과 우유부단함은 부주의함과 무심함이었다는 것을 알아차릴 수 있었고, 그녀는 스스로가 그런 사실을 말하고 있다는 것에 충격을 받았지요. 늘 숨죽여 양보하고 참기만 하던 착한 엄마였지만, 실제로는 무심함과 부주의함으로 자식들이 무슨 생각을 하는지, 어떤 어려움을 겪는지 전혀 묻지도 않고 알려고 하지도 않았습니다.

그녀가 말하면 말할수록, 상담자가 사소한 질문을 하면 할수록, 그녀는 엄마에게 세심한 주의와 관심을 느끼지 못하며 살아왔다는 사실을 알아차리며 충격을 받았습니다. 그리고 그녀는 불쑥 "그럼 도대체 엄마는 어디에 마음을 두고 있었던 것일까, 엄마는 대체 어디에 가 있었을까?"라는 질문을 자신에게 던졌지요.

억지로 노력한다고 해서 갑자기 세심한 주의를 기울일 수 있는 것은 아닙니다. 저는 이 세심한 관심과 주의를 사랑이라는 말로 바꾸어 말하고 싶습니다. 주변에 대한 무심함은 오직 나로 가득 차 있을 때, 그곳에 마음이 충분히 닿아 있지 않을 때, 자신의 생각이나 걱정, 불안, 상상으로 지배당하고 있을 때 일어납니다.

누군가에게 보여 주기 위해 노력하거나, 누군가의 시선을 의식하면서 주의를 기울이면 그 방향을 엉뚱한 곳으로 돌려놓을 뿐이지요. 또한 이런 주의는 정신없이 주변 사람을 챙기는 것과는 분별할 필요가 있습니다. 우리가 누군가를 나 자신보다 더 챙길 때는 그 대상을 통해 나를 확인하려는 욕구가 앞서기 때문입니다. 나 자신에 대한 감각을 잃지 않아야 선택적으로 우선순위를 정할 수 있고, 세심하게 주의를 기울일 수 있지요. 자신 안에 나름의 기준이 서 있을 때 가능한 일입니다.

나태에서 사랑으로

적지 않은 시간 동안 분석을 진행하면서 자연스럽게 소소한 것들에 주의를 기울이는 태도가 체화되었습니다. 재미있는 것은 평소 크게 중요성을 부여하지 않았던 사소한 살림살이라든가 음식을 만드는 과정에도 주의를 기울이게 되었다는 점이었지요. 해야 한다는 강박으로 자신의 역할에 주의를 기울인 것과는 좀 다른 느낌입니다. 자연스레 관심이 일어나기 시작한 것입니다.

사무실에서 카페라테를 내려 먹기를 즐기는데, 그 과정이 꽤 번거롭습니다. 커피 머신이지만 커피를 내리고, 우유 거품을 만들고, 머신기를 닦고, 거품기를 닦아서 마무리까지 하고 나서야 커피를 손에 들 수 있는 과정이 꽤 번거롭지요. 하지만 이러한 과정이 귀찮다기보다 하나의 의식처럼 즐거움으로 다가옵니다.

이런 즐거움은 사물에서만 느낄 수 있는 것이 아닙니다. 사람에 대해서, 특히 가까운 사람에 대해서 주의를 기울이는 시선이 조금씩 달라지는 경험을 합니다. 이전에 함께 작업했던 한 여성은 일중독으로 평소 씻는 것도 너무 귀찮아 대충 씻는 둥 마는 둥이었는데, 어느 날 보니 욕조에 물을 받아 아로마 오일을 넣고 천천히 즐기고 있는 자신을 발견했다며 깔깔거리고 좋아했지요.

이것을 앞서 중세 교부들의 가르침대로 이야기하면, 나태에서 사랑으로 넘어가는 길이라고 말할 수 있습니다. 자신에게 집중하면 사물과 상황에 머물 수 있게 됩니다. 바꾸어 말하면, 나태는 사랑하지 못하는 상태이고 부주의함과 무심함은 사랑이 부재한 상태라고 말할 수 있겠지요. 그래서 나태와 무기력은 자신을 무력한 자로 고정시킴으로써 아무것도 실천하거나 실행하거나 결행하지 않으려는 회피의 수단일 수 있습니다.

나태는 단순히 육체적 게으름이 아니라, 자신에게서 도망가는 것입니다. 내가 사소한 것에 세심한 주의를 기울이기 어려운 상태라면, 내 무의식은 어느 곳, 어떤 것에 사로잡혀 있을지도 모를 일입니다.

새로운 나를
만난다는 것

"우리는 트라우마나
나쁜 기억이 생기기 전의 상태로 돌아갈 수 없다.
그러나 그것을 품고서도 충분히 회복될 수는 있다."

항상 고군분투하며 열심을 다해 살았지만, 어느 순간 멈추어 보니 내가 지나온 시간들을 충분히 회고하지 못했다는 생각이 들었습니다. 수도원 생활 10년이 결코 적은 시간이 아님에도 수도원을 나와 정신 분석 공부에 몰두하는 동안, 저는 그 10년을 밀쳐 놓고 있었습니다. 오직 정신 분석 이론과 현상에만 집중하고, 그 틀로만 나를 해석하고 있다는 생각이 들었지요.

어느 날 문득, '내 지난 시간들을 나는 왜 그렇게 하찮게 취급하고 있었던 것일까?' 하는 생각이 들었습니다. 지난 시간을 과도하게 미화할 필요는 없지만, 분명 '있었던' 그 시간을 나는 왜 충분히 내 안에서 재해석하고 소중하게 상징화할 생각을 하지 못했을까 싶었지요. 내가 나의 시간을 상징화하는 작업은 두 가지 정도가 있습니다.

나를 찾아가는 두 가지 방법

첫째는 믿을 만한 분석가를 찾아 자신을 언어화하는 일입니다. 여러 실제적인 사건과 내 속에 있는 충동, 상상과 환상을 언어화하는 것은 나의 시간을 재구성하고 상징화하는 데 중요한 역할을 합니다. 친구끼리 혹은 가족과 대화를 나눌 수도 있지만, 어떤 평가나 판단 그리고 감정의 개입 없이 장시간 충분히 들어 주는 귀, 듣고 있는 존재를 의식하며 언어화하는 것은 새로운 경험을 제공하지요. 관심을 가지고 들어 주는 존재가 분석가이기 때문입니다.

분석가를 찾는 일이 쉽지는 않습니다. 저는 분석가의 학력보다는 지나온 과정을 살펴보셨으면 좋겠습니다. 여성, 남성 할 것 없이 치료자, 분석가라 불리는 전문가 중에는 자신이 믿고 있는 이론의 틀에 증상과 현상을 끼워 맞춰 해석하고 판단하려는 경우가 많습니다. 물론, 교묘히 감추어져 있어 알아채기도 힘들지요. 가부장적인 언어에 지배되어 사회가 원하는 인간으로 수정, 교정하려는 치료자도 찾지 말라고 말하고 싶습니다. 어쩌면 그들의 분석 작업이 꽤 성공적인 사회적 인간이 되는 데는 도움이 될지 모르나, 자기 자신을 제대로 즐기는 방법과는 멀어질 것이기 때문이지요. 사회적 이미지에 부합하는 분석가보다는 자신과 정말 잘 맞는 분석가를 찾는 것이 가장 중요합니다.

수년 전에 근무했던 정신 분석 클리닉은 종각역 근처에 있었습니다. 근처에선 주변에 바리케이드를 치고 유적을 발굴하고 보존하기 위한 공사가 한창이었는데, 클리닉이 있던 고층에서 그곳을 한참씩 내려다보는 일을 즐겼습니다. 붓질을 할 때마다 조금씩 드러나는 실체를 하염없이 내려다보고 있으면 시간 가는 줄을 몰랐지요.

그때 '인간은 집요하게 과거를 찾아내고 유지하고 보수하며 현재를 이해하고자 하는구나, 개인의 삶도 이와 다르지 않겠다, 과거에 묶여 있는 것이 아니라, 과거를 탓하거나 그리워하는 것이 아니라, 있는 그대로를 제대로 마주하는 일이구나, 지나온 시간들 속에 나를 제대로 알 수 있는 키워드가 있겠구나'라는 생각을 했지요. 그런데 나중에 여러 가지 책들을 읽던 중에 우리의 위대한 프로이트가 정신 분석을 고고학 유물을 찾는 일에 비유했다는 것을 알게 되었지요. 맙소사, 이렇게 위대한 학자와 같은 생각을 했다니…. 영광이라고 해야 하나?

흙으로 뒤덮이고 콘크리트로 가로막힌 유적지 주변 공사 현장은 단단한 바리케이드가 쳐져 있었고, 매우 조심스럽고 부드러운 움직임으로 실체를 드러내고 있었습니다. 그 공사 현장을 분석실로 비유할 수도 있겠습니다. 분석실에 들어서는 것은, 오직 분석가와 분석을 받는 사람만이 존재하는 공간, 유적 발굴지를 보호하기 위해 주변으로 바리케이드가 단단하게 쳐지는 것처럼 안전하고 단절된 하나의 세상 안으로 들어가는 것과 같지요.

그렇게 단단하고 안전하게 바리케이드가 쳐진 발굴지에서 드러난 유물에는 아름답다거나 흉하다거나 좋다거나 나쁘다거나 하는 어떤 판단도 개입되지 않습니다. 그것은 그냥 그 자리에 있을 뿐이고, 그것이 우리의 현재와 어떻게 연결되는지 연구할 뿐이지요. 분석실도 마찬가지입니다. 세상의 많은 가치와 판단으로 얼룩진 의미들은 차단되며, 그 어떤 개입도 있을 수 없는 공간이지요. 그렇게 우리도 지난 나의 시간들에 앉은 먼지와 딱지를 조심스레 걷어 내다 보면, 지난 시간과 현재를 잇는 반짝거리는 매듭을 만날 수 있을 것입니다.

둘째는 자기 글쓰기를 하는 일입니다. 이것은 혼자 할 수 있는 방식이면서도, 좀 더 많은 자기 통제와 수련이 필요합니다. 규칙적이고 반복적인 흐름을 놓치지 않아야 하기 때문이지요. 글을 전문적으로 쓰는 작가들이 한결같이 하는 말이 있습니다.

"글을 잘 쓰고 못 쓰고는 전혀 중요하지 않다. 하루에 한 줄씩이라도 내 안의 것들을 그저 써 내려가는 것이다. 그것에 익숙해지고 탄력이 붙으면 분석가 앞에서 이야기하는 것 이상으로 자기의식의 흐름이 자유로워지고 의식보다 나의 글이 앞서서 써 내려가는 경험을 할 수도 있다."

저의 선생님은 "책을 쓰는 것은 세상에 기표를 던지는 행위입니다"라는 표현을 쓰셨지요. 기표는 곧 나 자신이기도 합니다. 굳이 책을 목표로 하지 않아도 언어로 나를 표현하거나 문자로 나를 표현하고 써 내려가는 작업은 끊임없는 기표를 남기며 자신을 발화하는 행위이지요. 그것은 '현존'과 다름없기 때문입니다. 글을 쓰고 고치고 또 쓰고를 반복하다 보면, 그 글은 또 하나의 내가 되어 말을 걸어옵니다. 글을 수정하는 일은 글 속에서 말을 걸어오는, 나 자신과 나누는 대화의 과정이지요. 그것이 어떤 내용이든, 글을 쓰는 과정은 끊임없는 자기 정화의 과정처럼 느껴지기도 합니다.

무의식은 지울 수 없다

많은 사람들과 대화로 분석을 이어 가다 보면, 강박적일 정도로 자신 안에 있는 부정적인 요소들을 제거하고 고치는 데 몰두하는 사람을 만나기도 합니다. 안타까운 것은 자신의 생각과 행동을 쉼 없이 판단하고 가치를 매기며 단죄하는 모습입니다. 결론부터 이야기하면, 분석 과정은 부정적이거나 문제가 되는 부분을 제거하고 고쳐서 온전한 사람으로 만들어 가는 과정이 결코 아닙니다. 비약적으로 이야기하면, 그것은 불가능한 일이고, 또 부정적이거나 어두운 부분이 온전히 제거된 사람은 없기 때문이지요.

어떤 정신 분석가도 온전한 자기 수련과 정화의 과정을 거쳐 부정적 요소나 단점을 제거한 완벽한 사람은 없습니다. 우리 목표는 우리가 가진 나약함을 자각하고 내 것으로 받아들이는 데 있습니다. 나약한 자신을 받아들이는 과정에서 나약함과 취약함을 새롭게 재해석하고 나의 일부로 인정하여 함께 일생을 사이좋게 살아갈 수 있도록 하는 데 있지요.

정신 분석을 하는 분석가나 분석 상담가 중에서도 무의식을 끝없이 분해하고 분석하여 숨어 있는 부정적 요인을 제거하고 온전한 상태로 나아가도록 이끌려고 시도하는 전문가가 많습니다. 그러나 제거해야 할 그 무엇은 끝도 없고, 불가능한 일이지요. 왜냐하면 전문가들 자신도 그런 온전한 사람이 아니기 때문이지요. 그들 자신도 완전한 엄마가 아니며, 그들 자신도 이상적인 인간이 아니기 때문입니다.

이러한 태도는 마치 우리 무의식이 가지는 어두운 측면을 고정적인 것으로 여기는 듯 보입니다. 다수의 사람이 모성을 고정된 어떤 아름다운 상으로 인지하고 있는 것과 마찬가지이지요. 하지만 자크 라캉의 정신 분석 현장에서 배우고 경험한 것은 무의식은 결코 고정적이지 않다는 것입니다. 다시 말하면, 악한 사람은 악함으로 고정되어 있거나, 선한 사람은 선함으로 고정되어 있는 것이 아니라는 말이지요. 물론, 극도의 병리적 범죄는 예외로 둡시다.

우리가 누구와 어떤 상황에 놓여 있느냐에 따라, 어떤 관계를 맺어 나가느냐에 따라 무의식의 상태는 달라진다는 이야기입니다. 어떤 사람 앞에서는 한없이 선한 사람이 될 수도, 어떤 상황 안에서는 한없이 악해질 수도 있는 것이 인간입니다. 그것은 다른 사람의 영향을 받아서이니 타인에게 원인과 탓을 돌려도 된다는 말은 아닙니다. 모든 것은 상호 작용 안에서 일어나며, 문제는 나 자신을 제대로 보호할 수 없을 때 일어나지요. 자신을 보호할 수 있어야 타인도, 내 아이도 보호할 수 있습니다. 그래야 타인의 요구와 욕망에 휘둘리지 않고, 어떤 것이든 스스로 선택할 수 있지요.

선한 모성과 선을 선택하려면, 어떤 고정적인 모성과 인간성을 믿고 따르기보다는 끊임없이 자신에게 집중하되 또 거리를 둘 수도 있어야 합니다. 타인의 요구와 욕망에 휘둘리지 않기 위해서는 내 안의 요구와 욕망이 어떤 일을 하고 있는지를 가늠할 수 있어야 하는데, 외부로 열려 있는 귀가 아니라 내 안에서 들려오는 소리에 열려 있는 귀를 가져야 하지요.

　자신을 좋은 엄마라고 속이면서 아이에게 은밀한 해악을 끼칠 수도 있고, 자신을 나쁜 엄마라고 죄책감에 빠져 있는 엄마라도 아이를 위해 자신을 온전히 포기하는 선을 선택할 수도 있습니다. 따라서 엄마로서의 고유함은 무한히 열려 있다고 말하고 싶습니다. 그렇기에 엄마로서, 한 인간으로서 멈추지 않아야 하는 것이 사색이고 사유입니다. 사유하고 사색하는 엄마를 따라 아이도 자신의 삶과 욕망에 대한 사색을 멈추지 않을 것입니다.

되돌리는 것이 아니라 같이 가는 것이다

　말장난 같지만, 저는 '치유'라는 말을 별로 좋아하지 않습니다. 우리가 흔히 쓰고 있는 치유라는 말이 주는 뉘앙스는 있던 것을 마치 없던 상태로 되돌리는 것처럼 느껴지기 때문이지요. 있었던 일을 없앨 수 없고, 생긴 상처를 없애거나 지울 수는 없습니다. 우리 몸과 의식에 기억되어 있는 상처나 결핍을 없던 것처럼 말끔히 지우는 것이 아니라, 그것이 가진 의미를 다시 이해하고 위치를 수정해야 합니다. 그리고 그 과정에서 그것이 우리에게 미치는 악영향을 완화시키고, 새로운 관점으로 내 삶에 조응하도록 하는 것이지요. 그런 의미에서 치유보다 회복이라는 말이 좀 더 실제에 가깝고 유익하다는 생각이 듭니다. 어떤 상처에도, 어떤 결핍에도 우리가 회복할 수 있는 이유이기도 하지요.

여러 매체에서 우리는 "제가 어떤 트라우마가 있어서요"라는 말을 자주 듣습니다. 내가 어느 지점의 트라우마를 경험했기에 어떤 것을 할 수 없다는 말인 듯한데, 듣기가 꽤 불편합니다. 트라우마를 제대로 이해하여 사용하고 있다기보다는, 내가 결코 하고 싶지 않은 것을 하지 않는 것에 대한 알리바이로 사용하는 듯하기 때문입니다. 그 정도로 이야기할 수 있다면, 그것은 트라우마라기보다는 나쁜 기억 정도면 어떨까 싶습니다. 진짜 트라우마 때문에 삶이 망가지고 그 트라우마에 압도당해 한 발짝도 앞으로 나아가지 못하는 고통 속에 있는 사람도 많이 있기 때문입니다. 우리는 트라우마도, 나쁜 기억도 그것이 없었던 상태로 돌아가 온전해지는 것이 아니라, 그것을 품고서도 충분히 회복될 수 있습니다.

일상의 지루함을
즐기는 힘

"나의 쾌락과 만족을
실현시킬 권한을
타인에게 양도하지 않는다."

여러 심리학자는 삶에 대한 지루함이 많은 증상을 만들어 낸다고 공통적으로 말합니다. 지루함은 할 일이 없어서 느끼는 무료함만을 말하는 것은 아니지요. 지루함이라는 말 안에는 여러 함의가 있을 수 있습니다. 그리고 개인이 느끼는 지루함은 각자 다른 의미와 경험을 포함하지요. 지루한 상태를 느끼지 않기 위해서 만드는 것이 '일'이기도 합니다.

우리 주변의 워커홀릭인 사람을 보면, 너무 힘들어서 손가락 까딱할 힘도 없다고 말합니다. 그리고 제발 여기서 벗어나 아무것도 하지 않고 싶다고 호소합니다. 하지만 정작 시간이 남고 여유가 생기면, 그 시간을 못 견뎌 합니다. 그 공백이 주는 허허로움과 공허함을 맞닥뜨리지 않기 위해 우리는 필사적으로 자신을 속이고 설득하며 살고 있습니다. 바쁜 것이 미덕이고 능력으로 인식되는 사회적 분위기 또한 삶의 지루함을 제대로 경험할 수 없도록 만드는 주요한 요소이기도 하지요.

간혹, 지쳐서 아무것도 하지 않고 가만히 있을 때 배가 고프지 않아도 뭔가 먹을 것을 자꾸 찾기도 합니다. 대리언 리더가 인용한 정신 분석가 오토 페니헬의 말이 딱 들어맞는 순간들입니다. 그는 "지루함은 구강이라는 토대를 둔다"라고 말했습니다. 구강은 아이가 생애 처음으로 엄마 젖과 접촉하는 기관이기도 합니다. 아이와 엄마 젖의 관계는 단순히 생존을 위한 빨기에만 국한되지 않습니다. 아이는 그것으로 생존을 보장받지만, 그 과정에서 놀고 탐닉하고 쾌락하기 때문이지요. 어른도 담배와 먹을 것을 입에 달고 산다면, 그 접촉이 주는 여러 가지 유희를 이어 나가고 있는 것으로 볼 수 있습니다. 또한 지루함과 공허가 주는 공백 상태로부터 살아 있는 느낌을 가질 수 있는 아주 손쉬운 매개이기도 하지요.

"지루함은 허무함을 감춘 장막이다."

-헤르베르트 플뤼게

지루해서 불안한 사람들

불안도 마찬가지입니다. 실제로 어떤 위험이 닥쳐오지 않는데도 많은 여성은 사서 고생하듯 자처해서 불안거리를 만듭니다. 하나의 불안이 해소되면 또 다른 불안거리로 이동해 가며 계속해서 불안 자체를 놓지 않으려 하지요. 불안 때문에 해야 할 일이 지속적으로 생기고, 불안이라는 침투적인 감각 상태 때문에 충분히 살아 있다고 느끼기 때문입니다.

이렇게 말하면, 어떤 사람은 누가 불안을 일부러 즐기겠느냐고 의아해하지만, 불안 자체가 좋아서 소환한다는 것이 아닙니다. 불안을 이용해 자신을 바쁘게 어디론가 몰아넣는 것이지요. 말하자면, 걱정 거리 그 자체를 해결하는 것이 목적이 아니라는 말이지요.

지민 씨의 남편은 사업을 하느라 새벽이 다 되어서야 귀가할 만큼 바쁘고, 그 때문에 직장 생활을 하며 아이들을 키우는 일을 혼자 도맡아야 하는 지민 씨의 삶도 바쁘고 지극히 고단합니다. 남편은 지독하게 바쁜 대가로 많은 경제적 이익을 가져다주지만, 셋이나 되는 아이의 양육에는 조금도 참여할 수가 없지요. 타인의 손에 아이를 맡기는 것을 끔찍이 싫어했던 지민 씨는 세 아이의 양육에 지칠 대로 지쳐서 아무리 돈이 많아도 삶이 늘 피폐하고 우울하다고 호소합니다. 그녀에게 질문을 던진 적이 있습니다.

"아이들을 아주 안전하게 떼어 놓고 자유 시간이 주어진다면 어떠시겠어요?"

한참을 곰곰이 생각하던 그녀는 한 가지 사건을 떠올렸습니다. 큰맘 먹고 남편이 휴가를 주어서 이틀간 자유 시간을 가졌는데, 뭘 어떻게 해야 할지 몰라 안절부절못했다는 것입니다. 아무 느낌도 없고 그냥 멍해서 마치 자신이 사라져 버리는 것만 같았다고 하지요.

지루해서 바람도 피고, 지루해서 신체의 사소한 증상이 유발되기도 합니다. 그리고 그것들을 해결하고 치료하느라 지쳐서 피폐해진다고 호소하지만, 그 덕에 나 자신의 주요한 감정이나 이슈에서 도망갈 수도 있습니다. 그중에서도 가장 손쉽고 안전한 도망처가 아이들이고 양육입니다.

일하는 여성은 일에 치여서 감당하기 어렵다고 말하면서도 일을 멈추면 못 견딥니다. 경제적인 이유를 들어 일을 멈추지 않지만, 그것이 진짜 이유가 아닐 수도 있지요. 전업주부인 여성은 아이들에 대한 끊임없는 불안으로 자신의 공백 상태를 허용하지 않습니다. 공백은 단순한 지루함을 떠나 죽음의 상태와 크게 다르지 않다고 볼 수 있습니다. 자신의 생에 대해 끝없이 확인하려는 욕구는 한순간도 나 자신을 지루하거나 무료한 상태로 놓아두려고 하지 않지요.

지루해서 싸우는 사람들

남편이나 아내가 지나치게 허용적인 경우, 그들의 배우자는 그 평화로움과 평안한 상태를 견디지 못하고 도발하는 경우가 있습니다. 찬찬히 들여다보면, 굳이 하지 않아도 되는 시비를 걸거나, 스스로 생각하기에도 과도할 정도로 트집을 잡아 큰 싸움을 일으키기도 하지요. 남성의 경우, 별일도 아닌 일로 괜한 오해를 살 만한 행동을 해서 아내에게 의심을 일으키고 엄청난 부부 싸움으로 몰아가기도 합니다. 이것은 다른 말로 하면, 끊임없는 자극과 쾌락을 추구하는 상태에 있다고 할 수 있습니다.

쾌락이라고 해서 대단한 것이 아닙니다. 자극과 반응이 일어나는 현상들은 긍정적이든 부정적이든 그것에 부착되어 있는 감정을 모두 걷어 내고 보면 그저 감각적인 접촉과 다이내믹에 지나지 않는 경우가 많지요. 가령, 부부 싸움을 쉬지 않고 하는 부부가 있습니다. 그들은 심리 센터를 찾아 관계를 개선하기 위한 여러 가지 솔루션을 처방받고 그 방식으로 싸움을 줄여 평화로운 일상으로 나아가려고 합니다. 그것이 정말 그 부부를 위한 최선일까요? 저는 그 처방에 동의하지 않습니다. 그저 평화롭고 원만한 부부가 '좋은' 것이라는 상식을 충족시키기 위한 것은 아닐까요? 그렇게 충족된 상식 안에서 정말 그 부부가 서로에게 만족스러운 결혼 생활을 유지해 나갈 수 있을

지는 또다시 의문해 봐야 합니다.

영화를 보면 모든 역경을 딛고 "그래서 그들은 행복하게 살았습니다"로 끝나는데, 진짜는 그 정점 이후의 삶입니다. 이 부부가 서로의 관계를 개선하려고 노력하는 것은 긍정적이지만, 그 이전에 극단적인 싸움의 방식으로, 말하자면 꽤 폭력적인 방식으로 서로 접촉하고 관계를 유지해 나가는 패턴이 생겼다고 볼 수도 있지요. 그 자극과 반응의 상태에서 발생하는 쾌락을 잠재우면 관계마저 시들해질 위험이 있습니다. 지루해지는 것이지요. 관계에서든, 삶에서든 지루한 상태를 허용하지 않는 것입니다.

물론, 폭력적인 패턴이 도를 넘어서면 정말 돌아올 수 없는 강을 건너 자신과 상대를 파괴하는 위험까지도 갈 수 있습니다. 이 자극과 반응의 상태를 극단적으로 몰고 가는 데서 감당하기 어려운 파괴와 고통이 발생하기도 하지요. 그래서 한 번 더 생각해 보아야 합니다. 존재가 주는 지루함을 견디지 못해 내가 어떤 고통과 증상을 불러내고 있는 것은 아닌지를. 그래서 섣불리 그들을 화해시키는 것은 그들이 은밀히 누렸던 쾌락마저도 거세하는 것이니, 저는 그리 좋은 처방은 아닌 듯합니다. 중요한 것은 나와 타인을 파괴하는 방식이 아닌, 다른 방식으로 고유한 자신만의 쾌락을 발굴하는 방법을 터득하는 일이지요.

지루한 공백 상태에서 접촉하는 내가 어떤 나인지를 경험해 볼 필요가 있습니다. 그래서 파괴적이지 않은 방식으로 자신의 쾌락을 발굴하고 유지해 나가려면 어떻게 해야 할까요? 상대를 착취하거나 아이들의 삶을 침범하지 않고 고유한 자신만의 쾌락을 유지해 나가는 방식은 어떻게 찾을 수 있을까요? 무척 모호한 말이지만, 우선적으로는 시선을 자신 안으로 집중해야 합니다. 내 안에서 일어나는 많은 것을 관찰하고 감지하고 의문하기 시작해야 합니다. 자신을 궁금해하고 스스로에게 질문을 던져야 한다는 것이지요.

많은 엄마들은 "우리 애를 내가 좀 더 잘 알아야 도와줄 수 있잖아요"라고 말하곤 합니다. 이 말을 "내가 어떤 사람인지, 내가 무엇을 원하는지, 내 욕망과 쾌락의 지점은 어디인지를 알아야 좀 더 나를 도울 수 있잖아요"와 같이 바꾸어 말했으면 좋겠습니다. 내가 진정으로 원하는 것이 무엇인지를 알아야 아이에게 요구를 하더라도 나름의 경계를 설정할 수 있고, 포기도 할 수 있습니다.

나만의 루틴을 만드는 일

저는 주말에도 상담을 진행하기에 매주 월요일에 쉽니다. 월요일 오전 시간이면 항상 집에서 멀지 않은 파주 출판 도시에 있는 카페로 향합니다. 같은 카페 같은 자리에 앉아 커피를 마시고 책을 읽거나 글을 쓰거나 하는 시간이 제가 일주일 중 가장 기다리는 시간이지요. 그 시간의 쾌감을 가장 극대화하기 위해 혹여 시간이 나더라도 다른 날은 참습니다. 그리고 평소에는 밤늦게까지 작업하지만, 일요일 저녁에는 일찍 잠자리에 듭니다. 그래야 월요일 아침에 컨디션 좋게 일어나 가장 한가하고 햇살이 잘 드는 시간대에 카페에 자리를 잡을 수 있기 때문이지요. 그 시간의 절정감을 높이기 위해 꽤 많은 준비와 노력을 기꺼이 하고, 그것을 루틴으로 만드는 것입니다.

언제나 월요일 오전을 생각하면 기다려지고 기분이 좋아집니다. 이런 사소하지만 나만의 고유한 일상의 루틴을 만드는 일을 조금씩 늘리려고 노력하는 편입니다. 매우 사소해 보이지만 꽤 많은 공을 들여야 하지요. 이것은 내 삶의 즐거움과 쾌락을 타인을 통해 느끼거나 얻으려고 하는 의존을 거두어들이는 일이기도 합니다.

주변의 글을 쓰는 작가들에게서도 이와 유사한 이야기를 듣곤 합니다. 매일 가장 좋아하는 시간에 앉아서 반복적으로 글을 쓰기 위해 다른 일정과 컨디션을 맞춘다는 것입니다. 그 일을 지치지 않고 지루해하지 않고 가장 즐거운 일이 되게 하는 것에는 수련과 같은 나름의 반복이 필요하다는 말이지요.

이것은, 대단한 주체적 삶을 추구하는 것은 아닐지라도, 적어도 타인에게 내 삶의 만족을 찾거나 의존하지 않고도 살아갈 수 있는 작은 물길입니다. 저에게는 상담실과 집, 그리고 일주일에 한 번씩 진행되는 교육 분석 외에는 일상에 특별히 다이내믹한 일이 없습니다. 그러나 이처럼 단순한 일상이 반복되는데도 지루함을 느끼지는 않습니다. 아니, 느낄 겨를이 없지요. 그것은 내가 나를 오롯이 사용해 쾌락을 발굴하는 일에 맛을 들였기 때문입니다. 그것은 누구에게나 어떤 상황에서나 가능한 일입니다.

어떤 분은 "그렇게 사는 건 수련에 가까운 것이 아닌가요?"라고 말씀하셨지요. 그럴 수도 있습니다. 아주 사소한 일이지만 반복적으로 유지하기 위한 자기 통제가 필요하니 수련이라고 말해도 무방할 듯합니다. 하지만 이미 삶을 살아오고 있고, 이 책에까지 이른 독자라면 잘 알 것입니다. 그저 느낌이 이끄는 대로 좋은 상태를 유지하는 것이 얼마나 한시적인지를, 그 좋은 느낌과 좋은 상태가 알아서 내안에서 지속적으로 일어나 주지 않는다는 것을 말입니다.

나의 쾌락과 만족을 실현시킬 권한을 타인에게 양도하지 않기를 바랍니다. 삶을 탓하거나 우울해하는 것은 소모적이기만 합니다. 내삶에 대한 애착과 애정을 만족시켜 줄 타인을 찾아 헤매기보다는 내가 나 자신을 만족시킬 수 있는 사소한 루틴을 발굴하기 위해 노력하는 것이 더 의미 있는 일입니다.

참고 문헌

《공동 번역 성서》, 대한성서공회 성경 편집팀, 대한성서공회

《독이 든 양분》, 마이클 아이건 저, 이재훈 역, 한국심리치료연구소

《라깡과 아동 정신 분석》, 카트린 마틀랭 저, 박선영 역, 아난케

《라캉과 정신의학》, 브루스 핑크 저, 맹정현 역, 민음사

《라캉 읽기》, 숀 호머 저, 김서영 역, 은행나무

《사랑의 정신분석》, 줄리아 크리스테바 저, 김인환 역, 민음사

《사랑할 때 우리가 속삭이는 말들》, 대리언 리더 저, 구계원 역, 문학동네

《성욕에 관한 세 편의 에세이》, 프로이트 저, 김정일 역, 열린책들

《안나 프로이트의 하버드 강좌》, 조셉 샌들러 저, 이무석, 유정수 역, 하나의학사

《여자는 무엇을 원하는가》, 세르쥬 앙드레 저, 홍준기, 박선영, 조성란 역, 아난케

《울타리와 공간》, 마델레인 데이비스 저, 이재훈 역, 한국심리치료연구소

《이만하면 좋은 부모》, 브루노 베텔하임 저, 김성일 역, 창지사

《정신병, 모친 살해, 그리고 창조성: 멜라니 클라인》, 줄리아 크리스테바 저, 박선영 역, 아난케

《초등 자존감의 힘》, 박우란, 김선호 공저, 길벗

《행간》, 조르조 아감벤 저, 윤병언 역, 자음과모음